20倍
高效工作法

只花 1 年時間，就達到別人 10 年的成長！

岩田圭弘 ㊔　陳尹暐 ㊟

数値化の魔力

"最強企業"で学んだ「仕事ができる人」になる
自己成長メソッド

「培訓一年＝『其他公司十年資歷的員工』」

這是關於KEYENCE，
被傳得煞有其事的傳聞；

雖然說是傳聞，但包括我在內，
相信許多KEYENCE的畢業生以實感值來說，
都認同這個說法吧。

或許你會驚訝「這麼短時間!?」
但事實證明，
KEYENCE 的員工從進入公司第一年開始，
就創造出高於日本一般企業員工
平均獲益二十倍的利潤。

那麼，為何 KEYENCE 的員工
能夠在這麼短的時間，
快速地成長？

其實，秘密就在
KEYENCE內部
專屬的「數值化」工作術裡。

雖然一聽到「數值化」，
馬上會聯想成是
「管理層管理團隊所需的東西」，
但「KEYENCE 數值化」
不僅僅是管理手法；
也不是只適用於特定職種，
更不是為了統計或分析資料。

它具有讓「所有職種的第一線」企業戰士
發揮「在工作上產出優異成果」的「魔力」。
而且只需用到四則運算。

或許你會認為「現在還在談數值化？」
但正因為處於這瞬息萬變的時代，
用數字把「自己的不足處」視覺化，
並持續改善的「KEYENCE 數值化」
是多麼地強而有力，
已經由該公司員工驚人的成長速度得到證明。

事實證明，只要學會了「KEYENCE 數值化」，
無論是怎樣的人才，
都能夠瞬間變成「超級上班族」。

接下來，
讓我帶你進入富有「魔力」的
「KEYENCE 數值化」的世界吧！

前言 為何 KEYENCE 的員工能以十倍速度成長？

創造「超過日本一般企業員工平均獲益二十倍」的 KEYENCE 員工

目前成長態勢廣受矚目，總公司位於大阪府大阪市的 KEYENCE 股份有限公司，從事的是自動控制機器、測量機器、光學／電子顯微鏡等儀器的開發、製造及銷售。

之所以廣受矚目，是因為該公司的「高營業利益率」及「高水準薪資」：

營業利益率已強勢突破55%，員工平均年收更超過兩千萬日幣。

而且，儘管營業額不滿一兆日幣，**但公司市值高居全日本第五**[1]。

可以說，在日本企業（尤其是製造業）被認為衰退的時代，KEYENCE作為展現驚人成果的企業，其「組織構造」受到矚目是很自然的事。

不過，注意到KEYENCE員工「個人優異表現」的人就不是那麼多。

事實上，二〇二二年度KEYENCE的「從業員平均營業額」是八千七百萬日幣[2]，「平均營業利潤」則是四千八百二十一萬日幣[3]。

把這個數字跟目前「全日本企業員工平均營業利潤」中位數的兩百五十三萬日幣[4]相比，可看出**KEYENCE的員工創造出高於「日本一般企業員工平均獲益二十倍的營業利潤」**。

而且，在我的記憶中，就算是社會新鮮人的 KEYENCE 新進員工，從進公司第一年開始就有四千～六千萬日幣的營業額。

所以，正確來說，是員工個人「優異成果」的累積，實現了近年 KEYENCE 這間公司整體的成長。

1 Yahoo！金融「股價排行（市值排名）」（二〇二三年十一月十日的資料）

2 日經 X-Tech〈營業利潤率 54.1%，二〇二二年同樣高收益的 KEYENCE 決算〉（https://xtech.nikkei.com/atc/nxt/news/18/15116/）

3 日本經濟新聞〈KEYENCE 貫徹的「知的共享」每人平均營業利潤四千八百萬日幣 追求複製成功經驗／秘訣在禁止資訊壟斷〉（https://www.nikkei.com/nkd/company/article/?DisplayType=1&ng=DGKKZO6262400U2A710C2TB1000&scode=6954）

4 Zaimani 財務分析指南〈勞動生產力每人平均營業利潤〉（https://zaimani.com/financial-indicators/labor-productivity/）

培訓一年＝「其他公司十年資歷的員工」

「成績這麼好，是因為KEYENCE請了很多本來就優秀的人才吧？」

應該不少人會這麼認為。

但事實上，KEYENCE是以招募社會新鮮人為主的公司。

尤其是業務部門，完全未晉用轉職者，只招募社會新鮮人；可以說，基本上KEYENCE**從未考慮「錄取很快能產出成果的有經驗轉職者」**。

而且，在招募社會新鮮人上也以「**不重視學歷**」為方針。

不像其他一流企業「新進員工淨是頂大出身」，KEYENCE採取「不管是大學或高中畢業，都同樣能產出成果」的基本立場。

在KEYENCE的高層裡，就有許多是高中畢業或是早慶上智、關關同立[5]以外的大學出身的人。

所以，正確的說法是，KEYENCE 的用人神髓，在於「無論是怎樣的人才，都能夠在短時間內被打造成『產出優異成果的人』」，而不在於本來優秀與否。

「那家公司的員工一年就有驚人的成長，其他公司要達到同樣水準大概要花十年吧。」

說出這樣的評語的，是平時跟 KEYENCE 員工接觸的顧客和往來的客戶。

KEYENCE 的員工就是以這樣壓倒性的成長速度，**瞬間變身成「超級上班族」**。

5 譯註：早慶上智為早稻田大學、慶應義塾大學、上智大學這三所偏差值最高的私立大學；關關同立則為關西大學、關西學院大學、同志社大學、立命館大學，是近畿地方四所私立大學名校。

此外，因為KEYENCE員工成長速度如此之快，在「人才市場」也獲得高度肯定，我自己就有親身經歷。

「我們專門挖角高階人才，基本上是鎖定一流企業三十～四十多歲的中堅層，只有KEYENCE，就算是二十多歲的員工我們也會接觸。」

以上是我才二十多歲時，獵才公司找上我所說的話。

事實證明，在人才評價專家的眼中，「KEYENCE的員工能在短時間內成為一流人才」。

能以十倍速度成長，關鍵在於「『個人工作』的數值化」

那麼，為何KEYENCE的員工能在這麼短時間內快速地成長？

其實，一切的秘密就在 KEYENCE 內部專屬的「數值化」工作術。

詳細一點來說，在 KEYENCE，每個員工都把「自己的工作」數值化，每日進行管理。

並且，數值化的項目不只是「營業額」或「利潤」這些「最終目標」的數值，還把包括「電話次數」、「約見件數」、「面談件數」、「磋商數」等「所有流程（行動）」每日都進行數值化管理。例如：

業務部門：「上個月沒有達成接單目標是因為『電話件數』差了十件」

人力資源部門：「因為『應徵量』差了二十件，錄取人數沒有達標，當務之急是增加應徵量。」

像這樣，不只是「目標」，連到達目標的「流程（行動）」都數值化，就可以把「自己的不足處」客觀地視覺化。

畢竟，「不足處」是成長之源。

改善「做得不夠好的地方」，人自然就會成長。

KEYENCE的員工就是藉由每日改善數值化後浮現的「不足處」，「快速且靈活地調整行動」，成就了速度驚人的成長。

我要說的是，這種「流程（行動）數值化」的觀念，在組織或團隊管理上已經有很多企業採行。

但，把它落實到「個人行動層面」的很少。

而「KEYENCE數值化」的強項就在這裡：它把過去只應用在「組織層面」上的「數值化」，落實到「個人行動層面」，成功地讓個人表現最大化。

例如：

- **【業務部門】：六個月內達成「營業額五千萬日幣」**

- **【研發企劃部門】**：六個月內達成「讓四件新商品上市」
- **【人力資源部門】**：六個月內達成「錄取二十人」

「KEYENCE 數值化」的「魔力」，**就在於讓像這樣的個人「第一線」企業戰士在工作上「確實並驚人地達標」**。

或許你會認為「現在還在談數值化？」

但，在商業環境瞬息萬變的時代，從可說是日本企業唯一達到高速成長的 KEYENCE 和其員工的表現來看，「數值化力」非常重要已是自明之理。

最棒的是，「KEYENCE 數值化」，不僅不需要會計、記帳及統計等專業知識，也不必使用 Excel 的資料分析。

唯一用到的只有「四則運算」，**也就是「加」、「減」、「乘」、「除」**。

因此，不論是誰，今天立刻就能開始運用「KEYENCE數值化」。

從業務部門到後勤部門都高速成長的「KEYENCE數值化」

要特別說明的是，一聽到「數值化」，很容易聯想成是只有「業務、銷售部門等職種」，或是「從事資料分析、統計的職種」才需要的東西，但在KEYENCE，所有部門的個人工作都加以「數值化」。

比方說，以「○個月內讓○件商品上市」為目標的「研發企劃部門」，就把「企劃」、「設計」、「試作」等「流程（行動）」數值化。

若是以「○個月錄取○人」為目標的「人力資源部門」，就把「應徵」、「書面審查」、「第一次面試」、「第二次面試」、「最終面試」、「承諾入職」等「流程（行動）」數值化。

再強調一次，這裡說的數值化不是以團隊，而是以個人為單位。

如同前述，「KEYENCE 數值化」是為了幫助「個人目標的達成」，所以「適用於任何職種的企業戰士」。

也就是這樣拜不問部門、職種，所有員工都落實數值化所賜，KEYENCE 實現了員工的高速成長。

數值化是為了消除「不必要的壓力」

對各位讀者來說，以往一談到「數字」，或許會認為是「公司所賦予」、「未達成的話就會受到責難」的東西。

而且，儘管是公司所賦予的目標，但「要如何達成目標」則往往不明確。結果就如同在黑暗中射箭般，徒增「壓力」。

與此不同的是，「KEYENCE **數值化」是為了改變自己的「積極型數值化」**，所以，正確來說是為了消除「無形」或「說不出」的壓力的數值化。

然後，把「自己的行動」數值化，就能客觀地掌握「自己的不足處」，進而知道「要如何達成目標」。

總之，消除「無謂努力」，把付出的努力100%化為成果——

這就是「KEYENCE 數值化」。

由於可以看到改善的成果，只要體驗過一次，**就會越來越感受到成長的樂趣**。

坦白講，說沒有「KEYENCE 數值化」，就沒有現在的我，一點也不為過。

畢竟，對進入 KEYENCE 幾乎可說是偶然的我來說，剛進公司時是完全做不出成果，甚至還曾苦惱「自己不適合商業領域」。

這樣的我，後來能成為 KEYENCE「**連續三個月第一名的業務員**」，毫無疑問都要感謝數值化在工作上的運用。

那麼，所謂的「KEYENCE 數值化」，具體而言究竟是什麼呢？
首先就從序章開始介紹其精髓吧！

岩田圭弘

前言

為何 KEYENCE 的員工能以十倍速度成長？

序章

什麼是「KEYENCE 數值化的魔力」？

CONTENTS

第1章

用數字讓「自己的行動」視覺化

第2章

從數字找出瓶頸・「行動量」篇

第3章 從數字找出瓶頸・「行動質」篇

第4章 「KEYENCE數值化的魔力」‧實踐篇

終章 在團隊發揮「KEYENCE數值化的魔力」

在團隊實踐「KEYENCE 數值化」——258

結語

序章

什麼是「KEYENCE數值化的魔力」？

讀完「前言」後，
各位應該已經知道「第一線員工導入『數值化』的重要性」了。
而 KEYENCE 的員工能創造出高於
日本一般企業員工平均獲益二十倍的利潤，
靠的就是藉由「數值化」來視覺化並改善「自己的不足處」，
每日做到「靈活的行動調整」。

那麼，什麼是「KEYENCE 數值化」？
為何執行「KEYENCE 數值化」後，
每個人都可成為「工作上能產出成果的人」？
為了回答這個問題，在進入第一章以後的實作部分前，
在序章先介紹「KEYENCE 數值化」的精髓，
並說明「能產出成果的架構」吧。

生意，說穿了就是「機率」的問題

為何執行「KEYENCE 數值化」後，每個人都可成為「工作上能產出成果的人」？

為了說明理由，首先要從**「究竟怎麼做才能產出『工作成果』」**的原理原則來思考。

先說結論：

「『工作成果』，說穿了就是機率的問題」

「所以，把『機率最大化』就能讓『成果最大化』」

理解並留意這個架構，是成為「超級上班族」的第一步。

「工作成果」＝「如何提高機率」

如前所述，「『工作成果』，說穿了就是機率的問題」。

這句話是什麼意思呢？為了便於理解，先來看看具體的例子。

假設你是銷售「以三十多歲男性為對象的商品」的業務員，且既然是業務員，公司所賦予的「目標（結果）」基本上應該就是「營業額」，所以把「營業額」最大化就是把你的「工作成果」最大化。

而理所當然地，不可能全國所有三十多歲的男性都買你們的商品。

但在你實際跑業務後，全國三十多歲的男性中就會有一定比例知道你們的商品，其中又有一定比例受吸引並「實際購買」。

所以，這個商品的營業額取決於「接觸到的顧客總數×購入率」。

換言之，營業額受到「購入率（實際購買的比例）」這個「機率」所左右。

此外，就算像訂閱服務這樣，乍看下營業額好像已確定的商業模式，下個月的營業額也會受到「新客戶的獲得率」或「原客戶的解約率」這些「機率」影響。

總之，不管你從事什麼工作，生意的成果必定涉及「機率」。

因此，所謂要「在工作上產出成果」，說穿了，**關鍵就在「如何提高機率」**。

那麼，如同前述，既然營業額是由「接觸到的顧客總數×購入率」來決定，要提高商品的營業額，就必須由增加「接觸的顧客總數」或是提高「購入率」來提升機率。

當然最理想的是兩個數值都能提升。

那又為何說是「機率」呢？

因為生意基本上是有「對象」的存在。

而無論你怎麼下功夫，最終「對象」是否會按你的想法走，還是取決於對方，一定有未知數。

然後，既然是機率，就有無法掌控的部分。

所以，要辨識清楚「可控（變數）與不可控（常數）」，將焦點放在可控上。

總之，把機率最大化，就能「在工作上產出成果」。

沒有意識到「生意之鑰在機率」的話，就會放錯重點在「不可控部分」，永遠被向破桶倒水般的徒勞感所折磨。

可以說，「生意之鑰在機率」，這個原理原則就是如此重要。

辦公室後勤部門的成果也是由「機率」決定

由於前面是以營業額為例，也許很多人會因此認為：

「那個原理原則只是跟業務或銷售部門等牽涉到營業額的職種有關的東西吧？」

但事實上，「『工作成果』取決於機率」這個原理原則，適用於所有職種。

以製造部門為例，成果（生產數）會受到「良率（投入的原料或材料製成產品的比例）」這個「機率」影響；行銷部門也會被「Conversion Rate（轉換率）」所左右。

如果是以「媒體曝光件數」為目標的公關部門，「媒體曝光率」就左右了成果。

因此，就算是乍看下似乎與「機率」無關的後勤部門，其工作成果也必然與「機率」有關。

再以人力資源部門為例，假設以「錄取人數〇人」為目標，成果就會被「錄取率」這個機率所影響；以「把離職人數壓在〇人」為目標，成果就會受到「離職率」這個「機率」影響。

如果是總務部門，作為撙節開支的一環，假設目標是「把耗材的購買費用壓在〇日幣以下」，就會受到「耗材的成本削減率」這個「機率」的影響。

總而言之，所有的「工作成果」都會受到各種「機率」所左右。

因此，不管你從事什麼職種，想要「在工作上產出成果」，都應該把「機率最大化」。

何況，時間是有限的。

在你有限的時間裡，沒辦法做盡所有的事。

因此，在這些「機率」中，要清楚辨識「可控（變數）」與「不可控（常數）」，並且在「可控（變數）」上把「你」這個最大的資源投入。

這就是所謂的把「機率」最大化，進而把「工作成果」最大化。

工作成果＝「行動量」×「行動質」

相信各位讀者已經明白前節所說「『工作成果』，說穿了就是機率的問題」的意義。

但只知道要重視「機率」，對於「**要如何提高機率**」應該還是一頭霧水吧。究竟，要產出成果，具體上來說各位應該怎麼做才好呢？

本節將更進一步具體分解「工作成果＝機率」，來明確化「具體上要如何提高機率」。

從結論上來說，我所定義的產出成果的「機率」是指「『行動量』×『行動質』」，亦即，藉由提高「行動量」與「行動質」來達到「機率最大化」，進而達成「成果最大化」。

「增加行動量」？抑或「提高行動質」？

這或許是理所當然的道理，就是，**一切的大前提是：「成果」只由「行動」而生。**

例如，為了讓對你們公司產品毫無認識的人購買公司的產品，你先要採取「跑業務」這個「行動」。

如果是撙節開支，就要改變購入的用品，或者對既存用品價格進行交涉。

請記住，光是等待，成本不會自己降下來。

說到這裡，各位應該已經能理解，為什麼說「工作成果」是透過「行動」來展現了。

那麼，為何說「『工作成果』＝『行動量』×『行動質』」呢？

以剛剛提到的商品營業額為例，我們說可用「營業額＝接觸的顧客總數×購入率」來說明。

而「接觸到的顧客總數」是指你「去了多少顧客那裡跑業務」這個「行動量」；「購入率」則是由「你如何跑業務」這個「行動質」決定。

我們也可以用射飛鏢來比喻。

例如，要「射飛鏢得高分（產出成果）」（※但投擲次數無限），當然第一步就是要射出飛鏢。

然後就是透過越多「投擲數（行動量）」，提高命中紅心的次數。

而飛鏢是否命中紅心，取決於每次你「投擲的準確度（行動質）」。

有時，可能因為手臂打直而命中紅心；有時，可能因為手臂微彎而射偏。

換句話說，飛鏢是否命中紅心，不只會被「投擲數」影響，也會被每次的「投擲『質』」影響。

同樣道理，生意就是要最大化命中紅心的次數，所以才說成果是由「『行動量』×『行動質』」來表現。

因此，前面所說的「工作成果＝機率」，這個「機率」就是指「『行動量』×『行動質』」，亦即，在達成成果的行動上「做了多少量（行動量）」和「怎麼做（行動質）」，把它公式化後就變成「工作成果＝『行動量』×『行動質』」。

到這裡為止，讀者應該已經知道「如何提高機率」了。

就是分別把「行動量」和「行動質」提高，讓「機率最大化」，達成「成果最大化」。

跨業（職）種的原理原則

跟前面提到「生意之鑰在機率」時相同，應該也會有很多人認為：

你說的這些「只有跟營業額有關的職種才要注意吧？」

其實不然，「『行動量』×『行動質』」的觀念適用於所有業（職）種。

比方說，人資人員在徵才上如何適用呢？

假設，把徵才的目標（成果）設為「錄取○人」，同樣套入公式就是「錄取人數＝接觸到的求職者總數×入職率」。

而這裡所謂的「接觸到的求職者總數」就是指「能讓多少求職者認識公司」（行動量）。

「入職率」則是會受到「你（的公司）開出怎樣的徵才條件，如何推銷自己的公司」這些「行動質」所影響。

所以，這裡同樣也是「工作成果＝『行動量』×『行動質』」。

那公關部門又如何呢？假設目標（成果）是「媒體曝光總數（○件）」，就是希望發出新聞稿後，盡可能在各種媒體曝光，

此時，「媒體曝光總數（成果）＝發出新聞稿的總數×曝光率」。

這裡所謂的「發出新聞稿的總數」就是「發出了多少新聞稿」這個「行動量」；而「曝光率」則是會受到你「發出什麼內容的新聞稿」這個「行動質」所影響。

所以，無論你從事什麼職種，公式都是「工作成果＝『行動量』×『行動質』」。

也因此，想「產出工作成果」都是要分別提高「行動量」和「行動質」，把機率最大化。

最大化「行動量」與「行動質」的三個STEP

前節已學到了「工作成果＝『行動量』×『行動質』」。所以能夠分別把「行動量」和「行動質」最大化，「工作成果」也會最大化。

不過，讀到這裡的你，應該會這樣想吧：

「那麼，到底要如何提高『行動量』和『行動質』啊？」

「話說回來，這裡所說的『行動』是指什麼？請更具體地告訴我！」

在這節裡，為回答這些疑問，將傳授**提高「行動量」和「行動質」的具體方法**。

而這裡所介紹的方法就是「KEYENCE **數值化**」，也是第一章以後所說明的數值化的精髓。

STEP 1 ● 用數字讓「自己的行動」視覺化

「工作成果＝『行動量』×『行動質』」

這裡所說的「行動」指的是什麼？

就是「**到結果為止的流程**」。

具體來說，假設是以「接單件數○件」為目標的業務部門，直到接單（結果）為止的「DM→電話→約見→面談→磋商」的各流程就是「行動」。

以「錄取人數○人」為目標的人力資源部門，到錄取（結果）為止的「應徵↓書面審查↓第一次面試↓第二次面試↓最終面試↓承諾入職」的各流程就是「行動」。

又為何要特意區分流程呢？

因為**只有「目標（結果）」的話會不知從何著手**。

想想看，假設上司指示你「這個月的目標是接單十件」。

光是這樣會不知道該從何著手吧。

因此，要把「到結果為止的流程」分解為「ＤＭ↓電話↓約見↓面談↓磋商」。

這樣一來，雖然沒辦法直接對「接單十件」這個目標採取行動，但分解成「發送ＤＭ」、「撥電話」這些流程（行動），就能「**操之在己**」。

換句話說，就是藉由把不知從何著手的「目標（結果）」分解成可掌控的「流程（行動）」，明確化「**（為了產出成果）自己應該採取的行動**」。

圖表 1 ｜業務部門的例子

8 月　實績

	DM	電話	約見	面談	磋商	接單
合計件數	100	95	23	17	6	2

9 月　實績

	DM	電話	約見	面談	磋商	接單
合計件數	98	92	23	16	4	1

這就是執行流程分解的目的。

接著，再分別以數字記錄每一個「分解的流程（行動）」的「日行動量」。

圖表1是業務部門的例子，圖表2是人力資源部門的例子，就分別記錄了「八月實績」和「九月實績」兩個月份的行動量。

那麼，為何又要特意數值化呢？

圖表 2｜人力資源部門的例子

8 月　實績

	應徵	書面審查	第一次面試	第二次面試	最終面試	承諾入職	錄取人數
合計件數	217	174	134	42	17	8	5

9 月　實績

	應徵	書面審查	第一次面試	第二次面試	最終面試	承諾入職	錄取人數
合計件數	194	155	125	38	14	5	3

目的在於，**藉由數值化才能客觀地掌握「自己的現狀」，看出「要邁向目標（結果），哪裡做得不夠」。**

不把「行動透過數字視覺化」，就沒辦法驗證如何改善問題。

詳細一點來說，就是光空洞地知道「這個月達標」、「這個月未達標」，但不知道「為何未達標」，就不會知道自己的問題在哪，當然也就不知道「要如何努力」，只是在做不出成果的情況下白白累壞了自己。

相反地，透過數值化管理流程（行動），就會發現「這個月和上個月相比，電話的件數少了五件」等，客觀地掌握「自己行動上的不足」，知道為了產出成果接下來該怎麼做。

而如同「前言」所說，「流程管理」的思考，很多企業在組織管理上都有運用。

但在「個人行動層面」的流程管理上，則是由於「KEYENCE 數值化」的獨特性，以及個人為單位的「數值化流程管理」，促成了員工的驚人成長。

總而言之，首先就是藉由把不知從何著手的「結果」分解為可掌控的「流程（行動）」，讓過去處於黑箱化的「（為了產出成果）自己應該採取的行動」明確化。

然後經由把各流程數值化，客觀地掌握現狀，把「不足處」明確化。

為此，首要作業就是「STEP 1：用數字讓『自己的行動』視覺化」。而本書第一章，就會傳授「STEP 1」的具體做法。

那麼，在把「行動視覺化」後，實際上又要如何找出「不足處」並改善呢？具體來說，就是由「數值化後的流程」，找出「行動量」和「行動質」的「不足處」持續改善，就能把相乘效果下的「工作成果」最大化。

所以接下來，先看看「STEP 2：從數字找出『行動量』的瓶頸」吧。

STEP 2 從數字找出「行動量」的瓶頸

再強調一次，「工作成果＝『行動量』×『行動質』」。

所以，首先要找出「行動量」的不足處加以改善，把「行動量」最大化。

以剛剛的圖表1為例，在把各流程數值化後，發現在最初流程的「DM」

和「電話」上，九月比八月少，

這就是「行動量」的瓶頸（不足處）。

就此擬訂十月首先要「增加ＤＭ和電話○件」這個明確的行動目標。

換言之，沒有數值化，就無法客觀掌握「自己哪裡不足」。

變成明明是「ＤＭ和電話量」有問題，卻鎖定了與產出成果沒有因果關係的其他工作上，結果「白忙一場」。

相反地，做到圖表1的數值化，就可以知道：

「九月接單量少的原因是ＤＭ和電話比八月少」。

所以，「跟八月實績相比，十月應該努力的目標是ＤＭ要發送一百件以上，電話要撥九十五件以上」。

進而明確化應該改善的流程與幅度，讓自己付出「確實能帶來成果的正確努力」。

總之，就是藉由把「行動量」數值化，客觀地找出發生瓶頸的流程，然後「增加該流程的行動量」以提高工作成果。

我們在第二章會介紹「STEP 2：從數字找出『行動量』的瓶頸」的具體做法。

在掌握了「行動量」的瓶頸後，另一個問題是，你的工作時間是有限的，只有「**一日八小時＝四百八十分鐘**」。

要如何不浪費這個時間？

換言之，就是如何在這有限的時間內，發揮最高的生產力，自然變得很重要。

也因此接著要連「行動質」的瓶頸都一起找出來。

STEP 3 從數字找出「行動質」的瓶頸

透過前一個步驟已找出「行動量」的瓶頸。

而如同前述，工作成果是「『行動量』×『行動質』」，所以假如連「行動質」的瓶頸都找出來並改善的話，就能進一步產出更大的工作成果。

因此，這裡將說明藉由找出「行動質」的不足處並加以改善，以最大化「行動質」的方法。

首先，在「STEP 2」已經找出了「行動量」的瓶頸並改善了。

不過，再怎麼增加「行動量」，由於「行動量」會受到時間的限制，總會在某個地方遇到天花板。

例如，一日能夠拜訪的顧客數，無論再怎麼動腦筋都有上限。

此時，就要找出「『行動量』×『行動質』」中的另一個變數，也就是「行

圖表 3 ｜業務部門的例子

8月　實績

	DM	電話	約見	面談	磋商	接單
合計件數	100	95	23	17	6	2
轉換率（%）		95%	24%	73%	35%	33%

-10%

9月　實績

	DM	電話	約見	面談	磋商	接單
合計件數	98	92	23	16	4	1
轉換率（%）		94%	25%	72%	25%	25%

動質」的瓶頸並加以改善。

以棒球來比喻，就是「打席數有上限」的話，就從提高打擊率來著手的思考方式。

那麼，想找出「行動質」的瓶頸，要看什麼數字呢？就是「**轉換率**」。

什麼是「轉換率」？

圖表3是以業務部門為例，圖表4則是以人力資源部門為例。

圖表 4｜人力資源部門的例子

8月　實績

	應徵	書面審查	第一次面試	第二次面試	最終面試	承諾入職	錄取人數
合計件數	217	174	134	42	17	8	5
轉換率（%）		80%	77%	31%	40%	47%	63%

-11%

9月　實績

	應徵	書面審查	第一次面試	第二次面試	最終面試	承諾入職	錄取人數
合計件數	194	155	125	38	14	5	3
轉換率（%）		80%	81%	30%	37%	36%	60%

業務部門：「電話件數中爭取到了幾件約見？」

人力資源部門：「第一次面試件數中有多少件進入第二次面試？」

那個比例就稱為「轉換率」。

接著，實際以圖表3為例，找找看「行動質」的瓶頸吧。

把目光放在「八月的實績」和「九月的實績」的轉

換率，會發現流程中「由面談進入磋商的轉換率」由35％跌到了25％，是所有轉換率中跌幅最大的。

由此可知問題出在「進行了面談卻未順利進入磋商」，亦即在「面談」的流程中「行動質」下降。

所以要著手「改善面談的簡報方式」等該流程的質，以提高「行動質」。我們在第三章將介紹「STEP 3：從數字找出『行動質』的瓶頸」的具體做法。

不過，要注意的是，「行動質」會下滑成這樣子，原因應該不止一個。以此例來說，可能是「面談時的簡報表現不佳」，也可能是「一開始就選了沒有需求的顧客」。

又或者是「面談時正好是顧客預算不足的時期」。

由於原因可能有數個，因此，改善轉換率的對策，可能也會有數種。

另一方面，當「行動量」不足時，改善方案則是能夠單純鎖定在「增加該流程的行動量」這樣簡單的動作上；也正因為「行動量」的不足容易客觀地掌握原因，所以**在「行動量」和「行動質」中，要優先改善「行動量」**。

不過，又如同前面所說，再怎麼提升「行動量」都有極限，因此，接著就要從「行動質」著手。

這樣一來，藉由找出「行動質」的瓶頸並制定改善方案，就能更進一步提高光是改善「行動量」已無法再成長的工作成果。

關於行動質的改善，在本書第三章，將從鎖定「行動質」的瓶頸的方法開始，一直到掌握數種原因的方法和改善方案的實行，把容易陷入曖昧不明的「行動質」改善，盡可能以客觀的方法加以整理。

成為「容易複製成功經驗」的人

目前已經學到，在商務上所謂的數值化，是透過「『行動量』×『行動質』」展現成果，並且藉由分別找出「行動量」和「行動質」的瓶頸加以改善，以達到成果最大化的一種方法。

不過，要成為「超級上班族」，這裡還要傳授一個很重要的觀點，就是「**可複製性**」。

道理很簡單，假設你這期達成目標，但下一期沒辦法持續的話，就無法獲得肯定。

因此，要成為「超級上班族」，重要的不是一時的成果，而是可多次產出高度成果的「可複製性」。

其實，能夠把自己的工作數值化，不單是意味著能最大化自己的工作成果，**同時也確保了自己工作的「可複製性」**。

接著就來看看它的作用是什麼。

KEYENCE 重視員工「可複製性」的理由

首先，「企業永續」是 KEYENCE 的經營理念。

因此，重視的不是只「創造出一時的利潤」，而是「持續地創造利潤」。

並且，這不只是企業理念，也適用於每位員工。

換言之，KEYENCE 不是只重視員工有「成果」，是否具有「可複製性」，亦即是否「今後也能」產出同樣成果也是評價的項目。

這不只是「企業永續」，同時也意味著企業戰士讓「自己」永續。

所以，「一時或者偶有成果的曇花一現」是不行的。

其實不只KEYENCE，很多企業都是如此，比起曇花一現的全壘打者，肯定並追求的是能穩定安打的人才。

以業務部門來說，比起只有一次200％達成率，之後就後繼無力的人，持續維持100％達成率的人比較容易受到肯定。

數值化確保「可複製性」

如同前述，「可複製性」很重要，而能確保「可複製性」的就是數值化。

比方說：

業務部門：「這個月接單少是因為『電話』的件數不足。」

人力資源部門：「由第一次面試進入第二次面試的轉換率下降，是因為這個階段對求職者的吸引力有問題。」

一旦數值化，就能夠像這樣**明確化「工作成果」和「流程（行動）」間的因果關係**。

掌握了因果關係，就算是短期內做不出成果，也能夠立刻預測到只要調整行動就能改善問題。

而且，數值化後，由於能客觀地掌握因果關係，**所有行動都能有所依據**。

也因此，在這種狀態下行動，就算突然被上司問到：「為何現在進行這個工作？」時，也能夠立刻回答。

尤其，提出數值來回答，也會有說服力，給對方「能幹」的印象。

總之，邁向目標的達成，有邏輯地調整行動，進而持續產出成果的人，就是真正的「超級上班族」。

成長帶來樂趣

一般而言，聽到「數字」就會認為是「形成壓力的東西」。

但事實上，把「行動量」和「行動質」數值化，釐清因果關係，是讓努力的方法明確化，減少無謂的工作，反而能減輕壓力。

在前節解說了經由把「行動量」和「行動質」數值化，掌握造成工作成果不彰的瓶頸；掌握瓶頸後，就掌握了應該努力的流程，努力的目標也因為數值化而明確，對工作上的心理健康也有極大的好處。

因為，**人們很難在沒有明確目標下，空泛地對增加行動量產生意欲。**

而且，空洞地指導業務員「多爭取一些約見」，也會流於「加油！」這樣不負責任的精神力論。

同樣地，只覺得自己「不多爭取一些約見不行」也是如此。

如同正在減重的人，就算覺得「不多運動一下不行」、「不少吃一點不行」，但只是這樣缺乏實質內容的努力應該無法持續吧！

因為，人的情緒非常容易起伏。

會減少動力，就是當「看不到終點」、「看不到往終點的道路」的時候。

而空洞的努力目標對於「邁向目標要如何努力」並不具體，只是徒增壓力罷了。

相反地，透過數值化把目標明確化，就確定了努力的方向。

由於「要如何努力」、邁向目標應該做什麼都明確化，壓力自然就會減輕了。

最後，**達成自己設定的目標這件事就像「玩遊戲」一般，整個都有趣了起來。**

而且，沒有了情緒起伏，就能夠持續前進。

然後，達成一次目標，接下來就設定更高的目標。

而更高的目標也是透過「KEYENCE 數值化」來達成；繼之，再設定更高的目標……如此一來，就能夠每日實際感受到自己的成長。

第 1 章

用數字
讓「自己的行動」
視覺化

序章已經介紹了「KEYENCE數值化」的精髓；
簡言之，由於「工作成果＝『行動量』×『行動質』」，
所以分別把「行動量」和「行動質」最大化，
「工作成果」自然會最大化。

為了達成這個目的，有三個STEP；
其中第一步就是在提高「行動量」和「行動質」前，
先把「自己的行動」數值化，
好讓自己的「不足處」視覺化。
這就是「STEP1：用數字讓『自己的行動』視覺化」。
本章將傳授STEP1的具體做法。

不「視覺化」，就不知道「課題」所在

在正式進入STEP 1的具體做法之前，簡單複習一下「為何一定要把『自己的行動』視覺化？」

現在，假設你是業務員。

為了達成公司的營業額目標，上司指示你：「某某，這個月接單也沒有達標喔，要再提高接單件數！」此時，你該怎麼辦？

相信很多時候是：你已經很認真跑業務了，「不知道要如何更努力」。

又或者，雖然有些人告訴你：「那就加強磋商收尾階段的溝通術吧！」

但你仍是抱著「這樣真的能增加接單嗎？」的鬱悶疑問，不知道該如何努力，唯有心情跌落谷底。

沒錯。

畢竟不管再怎麼看，光看「結果（此處就是指接單未達標）」是不會知道「原因（課題）」的。

而且理所當然地，不知道「原因」，自然沒辦法改善。

那麼，要如何找出「原因」呢？

就是把「到結果為止的流程（行動）」用數字視覺化。

因為，如同序章所說，「結果」必定由某些「行動」而生。

你所得到「結果」的原因，必然隱藏在你之前的「行動」裡。

以這裡所舉的業務部門為例，可以把接單這個「結果」分解為「DM→

電話↓約見↓面談↓磋商」各流程。

然後，就像「電話一百件」、「約見五十件」這樣，分別把自己每日的行動透過數字記錄下來加以視覺化。

如此一來，由於給了「行動」客觀的數字，就能判斷「好壞」。比方說：

業務部門：「這個月接單不夠，是因為約見的件數比上個月少了〇件。」

人力資源部門：「跟去年相比，今年錄取率不佳，問題應該出在開給承諾入職者的徵才條件上。」

關鍵在於，藉由把「結果」以「流程（行動）」加以分解並數值化，就能掌握「原因」。

像這樣把成果不佳的「原因」客觀地加以掌握的方法，就是「STEP 1：用數字讓『自己的行動』視覺化」。

由「行動數值化」看出自己的課題

前面提到在沒有掌握原因的情況下，就提出「那就加強磋商收尾階段的溝通術吧！」的意見的例子。

很多人就是這樣，沒有先把「行動視覺化」，就立刻把焦點放在思考「How（解決方案）」，結果淨是做些不會有成果的「無謂努力」。

比方說，我曾經嘗試過減重，但當時只是在「有動就會瘦了吧」這樣粗略的想法下開始晨跑。

結果，完全沒有效果。

後來我研究了一下，發現原來自己一天攝取了晨跑量所無法消耗的高卡路里。

換言之，一開始就弄錯了課題。

因此，重點在於，要產出「成果」，必須掌握「無法產出成果的原因（課題）」並加以改善；**所以最重要的是比起問「How（解決方案）」，要先鎖定「Where（原因在哪裡）」**。

因為一旦搞錯了「Where」，無論做了多麼了不起的「How」都是徒勞無功；相反地，若能鎖定「Where」，剩下來的就是改善而已，也就能夠做到「有成果的正確努力」。

而能客觀地鎖定這最重要的「Where」的，就是「把『自己的行動』視覺化」，亦即「數值化」。

同時，藉由以數字客觀地鎖定「原因（課題）」並加以改善，也能夠確保序章所傳授的「可複製性」。

「行動數值化」能把努力 100％化為成果

當有人告訴我們「應該數值化」時，會傾向認為這東西缺乏人性，但事實正好相反。

因為行動數值化不但可減少無謂的努力，還可讓成果明確，是能感受到實際效果的方法。

舉例來說，KEYENCE 的離職率一直維持在 3％～5％[6]之間，遠低於厚生勞動省發表的令和三年年度離職率的 13.9％[7]。

另外，跟同樣是厚生勞動省所發表的同年度產業別離職率中 9.7％[8]的製造業離職率相比，也遠低於同業。

我認為，KEYENCE 離職率低的重要因素之一，或許就是因為透過數值化，反而排除了員工「不必要的壓力」。

因為，數值化後，就算沒有「成果」，由於能客觀地知道「原因」，所以可以安心地採取下一步行動。

換言之，「行動數值化」不但不是「沒人性」，反而可說是讓工作人性化。

而且，能透過數值化讓努力有回報的不只是業務部門，

比方說人力資源部門，在徵才效果不佳時，不妨把徵才活動的流程分解並加以數值化。

6 Recruit Navigator 2024「KEYENCE 股份有限公司徵才資訊（起薪點／從業員／福利制度）」（https://job.rikunabi.com/2024/company/r791700026/employ）

7 厚生勞動省「令和三年僱用動向調查結果概要／入職和離職的變化」（https://www.mhlw.go.jp/toukei/itiran/roudou/koyou/doukou/22-2/dl/kekka_gaiyo-01.pdf）

8 厚生勞動省「令和三年僱用動向調查結果概要／產業別的入職和離職」（https://www.mhlw.go.jp/toukei/itiran/roudou/koyou/doukou/22-2/dl/kekka_gaiyo-02.pdf）

經由數值化，就能看出原因出在「面試過關率低」，或是「承諾入職後的入職率低」等最重要的「Where（原因在哪裡？）」。

鎖定了「Where」，之後就只是一個一個改善它。

而本章將會從鎖定原因的做法到改善方案，都傳授給讀者。

視覺化「自己的行動」的三個STEP

到這裡為止，已經知道「為何應該要讓『自己的行動』視覺化」，接著將實際說明「STEP 1：用數字讓『自己的行動』視覺化」的具體STEP。

STEP 1 ● 目標定量化

首先，把目標定量化。

以減重來說，就是「目標體重」。

這個定量，在商務上稱為「ＫＧＩ（Key Goal Indicator）」。

詳細一點地說，所謂ＫＧＩ就是用來評價目標是否達成的指標，在業務部門就是營業額、利潤或者接單件數；在人力資源部門就是「錄取人數」等。

簡言之，目標定量化是為了確實達成公司賦予的任務所需的工作指標。

比方說，假如公司這個月賦予的目標是「營業額三百萬日幣」，「ＫＧＩ＝一個月營業額三百萬日幣」。

由於ＫＧＩ設定的內容會影響到各流程（行動）所必要的「行動量（需要多少『行動量』）」和「轉換率（需要怎樣的『行動質』）」，所以ＫＧＩ可說是之後所有ＳＴＥＰ的原點數字。

要注意的是，ＫＧＩ的設定訣竅在於要設定得比公司所賦予的目標高。

因為，人們基本上只能達到低於目標值的結果。

通常，只有八～九成的達成率。

所以，**把這個要素考慮進去，將公司給你的目標加個三成，就是設定KGI的訣竅**。

舉例來說，這個月公司賦予的目標是營業額三百萬日幣，加個三成，就是把KGI設為三百九十萬日幣。

我自己的經驗是，剛進 KEYENCE 時，直接把公司賦予的營業目標額設為KGI。

結果在入職第二年時，差一件才能達成KGI，

只有自己所設定的目標值的95%左右。

有了這樣的經驗之後，我就把KGI設得比公司所賦予的數值高。

如此，就算沒有達成自己設定的KGI，因為能達成公司賦予的目標，在「成果」上能確實獲得公司的肯定。

當然，想成為頂尖員工，就設定公司賦予目標的兩倍為ＫＧＩ也可以。

例如，公司這個月賦予的目標是營業額三百萬日幣，就設定兩倍即六百萬日幣為ＫＧＩ。

這樣一來，就算只有八～九成的達成率，由於有四百八十萬日幣以上的成果，應該能夠獲得相當高的評價。

而實際上，當我在KEYENCE業務成績持續第一名時，就是把ＫＧＩ設為公司目標的兩倍。

你可能會問，假如公司沒有賦予具體數值呢？這種情況，我建議固定以超越自己過去的實績為目標設定ＫＧＩ就可以了。

此外，到目前為止是以業務部門設定ＫＧＩ簡單舉例，若是其他部門，比方人力資源部門負責徵才的人資人員，就把這期錄取十位新鮮人設定為ＫＧＩ。

製造業的產品企劃部門的企劃人員，就把新產品在所有產品營業額所占的比率設為ＫＧＩ。

也就是，把新的企劃要對全體營業額作出多少貢獻數值化。

附帶一提，這個數值化也是KEYENCE達成「企業永續」這項使命的重要指標。

最後，如果是行銷人員，就把這個月獲得有效潛在客戶三千件設為ＫＧＩ；客戶成功部門的人員，就把解約率壓在2%以下等。

到此為止是ＳＴＥＰ１。

STEP 2　將達成目標的行動分解為「工作流程」

設定了作為ＫＧＩ的目標後，接著**就要決定「為了達成ＫＧＩ，自己應該要做什麼」**。

例如，就算把這個月的ＫＧＩ設為營業額六百萬日幣，但光是這樣無法掌握自己應該採取什麼行動。

因此，接下來就要把達成ＫＧＩ的行動以工作流程加以分解。

以業務部門為例，若ＫＧＩ是「接單件數○件」，就把到接單為止的「ＤＭ↓電話↓約見↓面談↓磋商」按各流程分解動作。

人力資源部門的話，若ＫＧＩ是「錄取人數○人」，就把到錄取為止的「應徵↓書面審查↓第一次面試↓第二次面試↓最終面試↓承諾入職」按各流程分解動作。

把到達成ＫＧＩ的行動按工作流程分解後，可讓本來只是設定了ＫＧＩ但空洞的「達成目標的做法」具體化。

比方說，在「這個月的營業額目標為六百萬日幣」等這樣，以金額為目標的情況下，該怎麼做呢？

此時就把「以金額為根據的目標」分解到「接單」這個「以行動為基礎的目標」。

以在 KEYENCE 銷售電子機器的 B2B 業務員為例，就是「KGI（目標營業額）＝商品單價×接單件數」，假設這個月的目標營業額是六百萬日幣，套入公式，負責的商品單價若是五十萬日幣，接單件數就要十二件。

如此一來，承辦業務員的 KGI，以營業額來說是六百萬日幣，以接單件數來說是十二件。

然後把這個數字設定為 KGI，按工作流程分解動作。

STEP 3 把分解後的各流程以數值設定「行動目標」

把工作流程分解後，接著就是設定各流程應該達成的「行動量」。

這個數字，就稱為「**行動目標**」。

把行動目標數值化的理由在於，為了達成 KGI，必須要有能夠檢視在目前的狀況下，行動是否充分的指標。

這個指標，又稱為「KPI（Key Performance Indicator）」。

圖表5｜達成本月目標的工作流程
（業務部門的例子）

	DM	電話	約見	面談	磋商	接單（KGI）
KPI（件）	250	242	60	54	16	5
轉換率（%）		97%	25%	90%	30%	31%

換言之，相對於KGI是「應達成的目標數值」，KPI是「為了達成目標，各流程所應達成的數值」。

有了KPI，就能夠掌握各流程應該做多少努力，或者各流程目前的達成度如何，以及，哪個流程遇到瓶頸。

簡單來說，KPI可說是執行PDCA的必要指標。

為了便於理解，此處也以業務和人力資源部門為例來說明。

首先是業務部門的例子。

如圖表5所見，把到接單為止的行動按流程

分解，依各流程設定行動目標。

藉由達成各流程的行動目標，來達成ＫＧＩ的接單件數。

那麼，行動目標的數字要以什麼為基準來設定呢？

就是「**過去的轉換率**」。

以下，按順序加以說明。

一開始的數字，只有ＫＧＩ的「接單件數」五件。

假設，過去的「接單率（在磋商中有多少件轉為訂單）」是31％，此時磋商的行動目標X的算法就是「X×31％＝五件」，亦即十六件。

接著，假設過去的「磋商率（面談中有幾件進入磋商）」是30％，此時，面談的行動目標X的算法就是「X×30％＝十六件」，亦即五十四件。

換言之，就是由ＫＧＩ的「接單件數」和「過去的轉換率」依序回算，確定各流程的行動目標。

圖表6｜達成本月目標的工作流程
（人力資源部門的例子）

	應徵	書面審查	第一次面試	第二次面試	最終面試	承諾入職	錄取人數（KGI）
KPI（人數）	112	112	72	45	32	26	20
轉換率（%）		100%	64%	63%	71%	81%	77%

不過，由於各位讀者是第一次實踐這樣的數值化，所以手上沒有「過去的轉換率」。

此時，就先暫訂各流程轉換率也沒問題。畢竟各位平時也在跑業務，對於各流程的轉換率大概是多少應該有個底。

之後，**就在暫訂的轉換率和行動目標下，一個月、兩個月……逐月把相對於行動目標的行動實績（各流程實際的行動量）記錄下來執行PDCA。**

這樣一來，由於開始有了各流程實際的「行動量」，**自然就能夠算出實際的轉換率。**

接下來人力資源部門的例子也一樣。請看圖表6。

由KGI的「錄取人數」和「過去的轉換率」依序回算，制定各流程的行動目標。

同樣地，沒有「過去的轉換率」的數字，請先暫訂轉換率和行動目標。等幾個月後記錄了實績，就會產生實際的轉換率，行動目標也會隨之精確化。

此外，注意在設定行動目標時，要設得比實際需要的數字高。因為前面也提過，人類的目標達成率幾乎都是八～九成。

還有，為了提高行動目標，把轉換率「設低」很重要。舉例來說，一旦把業務流程中「約見」進入「面談」的轉換率（面談率＝在約見的件數中有多少件進入面談）設高，會變成就算很少的「約見」也能夠獲得看似很多的「面談」成果，必然減少了「約見」流程的行動目標。

總之，轉換率的設定，如果做的是跟過去相同的行動，調降預估比較好。

比方說去年同月的轉換率是97%，這個月的轉換率就調降為95%，這樣比較能夠維持高的行動目標。

況且，調降轉換率，可以降低「機率」這個不可掌握的風險。

行動目標分解到「一日為單位」

前節傳授了分解各流程，並設定行動目標的方法。

不過，到目前為止所傳授的圖表5、6等都是「每月」數字，接下來，要把「每月」數字分解到「每日」數字。

人很容易寬以待己

我們在圖表5和圖表6等，製作出每個月應該要達成多少目標的「月行動目標」。

要強調的是，以月為單位來管理自己的行動雖然非常重要，但如此一來，

有時會發生「反正才月初嘛」等寬以待己的狀況。

問題就在於，一旦檢視進度的間隔變長，人們很容易做出「之後應該追得回進度吧」、「應該可以低空過關吧」、「前半段很拚了（自認為），後半段稍微輕鬆一點沒關係吧」等寬待自己的判斷。

何況，除了避免寬待自己外，要調整與現實脫節的ＫＰＩ，本來也是越快越好。

所以，建議把每月單位的行動目標分解到「一日為單位」，讓自己能夠每日意識著行動目標來工作。

關於這點，請回想一下暑假作業，假如一開始就能掌握「一日要寫多少，否則暑假結束前寫不完」的話，不就能從容度過暑假了嗎？

「確實朝著目標邁進」的成就感

除了上述理由外，掌握一日行動目標還有一個重要理由，**就是達成時會產生「確實朝著目標邁進」的成就感和安心感**。

畢竟，若不把一日的努力目標數值化，就會一直不安於自己是否朝著目標邁進而無法獲得成就感，進而無法保有工作動力。

而且，只分解到月行動目標的話，到月底前都會持續不安。

這對心理健康來說，也不是件好事。

況且，一旦掌握了一日行動目標，被上司問到：「目前狀況如何？」時，若日ＫＰＩ都有達標，就能夠以數字明確報告狀況。

相反地，沒有設定日ＫＰＩ，就只能以「我想大概沒問題吧」這樣籠統的方式報告。

更糟糕的是，假如一個月後結果揭曉時完全不是沒問題，恐怕會受到嚴厲責難，對心理健康也不是好事。

分解到「一日為單位」的方法

那麼，要如何把「每月」行動目標分解到「一日為單位」呢？

很簡單，就是把「每月」行動目標除以工作日數就可以了。

例如，圖表7、8深灰色格子的部分，是每月各流程的KPI除以工作日數（此處設定為二十日）所算出來的日KPI。

當然，這裡舉的例子是把月目標除以工作日數，如果KPI只分解到半年，直接用半年的工作日數去算日KPI也沒問題。

稍微要說明一下的是，日KPI常會有小數點這種現實上無法做到的

圖表 7｜達成日目標的工作流程
（業務部門的例子）

工作日數為20日

	DM	電話	約見	面談	磋商	接單（KGI）
KPI（件）	250	242	60	24	16	12
轉換率（%）		97	25	40	67	75
日KPI（件）	12.5	12.1	3	1.2	0.8	0.6

數字。

舉例來說，當算出每日要「面談」1.2件或「磋商」0.8件時，把它視為只是抓個大概就沒問題了。

比方說，每日要「面談」1.2件，在一週五個工作日數裡，只要有一天面談了兩件，其他四天能夠各面談一件，就能達到KPI。

總之，把確認KPI的達成度，視為每日健康檢查來做就好。

圖表 8 ｜達成日目標的工作流程
（人力資源部門的例子）

工作日數為20日

	應徵	書面審查	第一次面試	第二次面試	最終面試	承諾入職	錄取人數（KGI）
KPI（人數）	112	112	72	45	32	26	20
轉換率（%）		100	64	63	71	81	77
日KPI（件）	5.6	5.6	3.6	2.25	1.6	1.3	1

不過，像這樣設定日KPI，把行動目標分解到以一日為單位雖然有幾個好處，但有個地方要注意。

本書所擬的是簡化後的例子，在真實商場上會有按產品的性質，在銷量等層面上受到季節性或氣候影響的狀況，此時若仍把年或月行動目標單純除以工作日數，會無法設定合於現實的日KPI。

為避免這種情形，要參考去年度因季節所造成的變動等狀況去調整設定。

記錄每日「行動實績」

前面說明了行動目標以一日為單位，就可以掌握每日什麼流程，要付出多少努力才能夠達成最終目標的 KGI，

接下來要做的就是實際記錄每日的「行動實績」。

「行動實績」的記錄方式

記錄每日的工作實績，可以使用 Excel 等製成像圖表 9 或圖表 10，或者輕鬆地寫在小筆記本或大筆記本也行。

有時加點玩心，把工作實績跟體重一起記錄當作遊戲也不錯。

圖表9｜工作實績的紀錄
（業務部門的例子）

10月的工作日數為20日

	DM	電話	約見	面談	磋商	接單（KGI）
KPI（件）	250	242	60	24	16	12
轉換率（%）		97	25	40	67	75
日KPI（件）	12.5	12.1	3	1.2	0.8	0.6
10月1日	13	13	2	1	0	0
10月2日	13	12	3	2	1	0
10月3日	12	12	4	2	1	1
10月4日	14	13	3	1	0	0
10月5日	13	13	4	2	2	1

也許會意外發現，工作成果與減重效果是正相關。

假如是想精準管理的人，還可以記錄「每日達成率」。

不過，無論如何，要切記，記錄的內容不要過於繁雜，否則可能會難以持續。

我是建議盡可能輕鬆、快速的記錄方法。

還有，製作個「備忘欄」也不錯。

寫下諸如「很多客人要求

圖表 10 | 工作實績的紀錄
（人力資源部門的例子）

10月的工作日數為20日

	應徵	書面審查	第一次面試	第二次面試	最終面試	承諾入職	錄取人數（KGI）
KPI（人數）	112	112	72	45	32	26	20
轉換率（%）		100	64	63	71	81	77
日KPI（件）	5.6	5.6	3.6	2.25	1.6	1.3	1
10月1日	6	7	2	1	0	0	0
10月2日	7	6	4	3	2	0	0
10月3日	4	4	4	3	2	2	1
10月4日	8	7	5	2	1	0	0
10月5日	7	7	4	2	2	2	1

報價，下次把它放入簡報吧」等當日的改善點。

作為回顧一日的備忘錄來使用。

此外，一旦記錄了每日行動實績，在進行一個月的回顧等作業時，會觀察到有總是同一理由造成實績下跌的傾向等問題，在察覺各種事情上非常有幫助。

同時也可以避免以月為單位記錄時，到月底才赫然發現跟KPI有很大的差距。

最後，每日記錄實績還可以掌握自己當日的行動量，一旦超越目標，就會有成就感，低於目標，就知道明天要挽救多少；由於能夠客觀地評價自己，在工作與閒暇間也比較容易切換。

這樣自然能防止把鬱悶的不安和壓力帶回家。

回顧行動實績，要分別以「一日」、「一個月」、「三個月」、「半年」進行

每日記錄實績，自然就會在一日結束時回顧。

此時，可以看看約見量是否足夠、這個月到目前為止接了多少訂單等。

要提醒的是，回顧的時候不是只以一日為單位，也要每隔一個月、三個月和半年來檢視實績和 KPI 的距離。

我還在 KEYENCE 上班時，也會每三個月一次，以經理人評價會的形式，對 KPI 和工作上的對策進行回顧。

回顧的內容不僅是 KPI 與實績是否有落差，也包括思考為何有落差，甚至連目前的 KPI 是否設定不當都加以檢討。

附帶一提，做一日回顧時，以手寫的方式寫在隨身筆記本等工具上也無妨，實際上我在做一日回顧時，一開始就是寫在隨身筆記本。

保持「記錄習慣」的訣竅

做記錄雖然有前述很多好處，但每日記錄，很容易會因為太忙或太累等理由而偷懶。

就跟減重一樣，偷懶個一、兩日，可能就會突然減少動力，開始嫌麻煩。

所以，不論是手寫在小筆記本，或是輸入到 Excel，又或者是利用智慧手機的應用程式都可以，總之就是選擇自己能夠維持記錄習慣的方式。

尤其是像業務員等這樣常常出差後直接回家的人，應該考慮使用隨身攜帶的筆記本或智慧手機做記錄比較好。

最重要的，不要等有空再一併記錄，因為可能會中斷「記錄的習慣」，這點要注意。

何況，就算想要一併記錄，一來連兩、三日前的事都可能記憶模糊，二來增加記錄的負擔，所以絕對要避免。

就好比減重，當你決定週末再一併減時，就注定要失敗。

因此，只能努力培養不做完記錄，工作就不算結束的習慣。

關於這點，由於 KEYENCE 規定員工要每日申報紀錄的關係，有讓人無法偷懶的強制力。

如果你的公司沒有這樣的架構，就只有自己把它架構化。

舉例來說，為了能在每日結束工作前做記錄，簡單的架構是，可利用行程表或日曆這類 PIM（Personal Information Manager），又或者是專用的應用程式等用來提醒或備忘的工具。

然後，可以的話，一週一次，有困難的話起碼一個月一次，設定徹底回顧的時間，並且安排補回漏記或者累積沒記的紀錄的作業時間，

公司或部門沒規定的話，自己邀集夥伴一起做也行。

最後，以日 KPI 為目標來掌控每日行動量，到了週末或月底就能看到成果。

此時，應該就會感受到工作有成果是因為行動量，而不是才能或什麼特別的能力。

而且有此實際感受，就是能持續記錄每日行動的訣竅。

要提醒的是，有時因為工作的性質，行動和成果的展現之間有很大的時間差。

此時假如是以一週或一個月為單位把「行動量」數值化、視覺化，覺得努力沒有得到相應的成果，可能就會焦慮或減少動力。但，焦慮是大忌。

這時要是能理解這是因為工作性質導致在達成ＫＧＩ上有時間差，就不會慌亂。

也因此，透過每日記錄檢視各流程ＫＰＩ的達成度等來評價流程，格外重要。

為了「讓努力有成果」要持續記錄

除了前述理由外，每天持續記錄還有其他意義。

就是讓因果關係明確化。

什麼意思呢？首先，本書在架構上，在本章把「行動視覺化」後，從第二章開始傳授透過數字掌握「自己的不足處（課題）」並加以改善的方法，而在分析「不足處（課題）」時，**行動實績的資料（N）越多，分析的精準度就越高。**

好比雖然骰子擲出「1」的機率是「六分之一」，但只擲個兩～三次，不一定會出現「1」，機率上會出現很大的偏差。

不過，當擲骰子的次數增加到二十～五十次（反覆投擲的次數），分母越大的話，機率就會越接近理論上的「六分之一」，這就是一般所稱的「大數法則」。

同樣道理，行動實績如果只有短期間的數字，由於母數太少，從中所產生的數字，尤其是「轉換率」會變得不精確。

這樣會發生什麼問題呢？一如序章所說，「轉換率」是掌握「行動質」不足處的基準數字。

所以，以不精確的「轉換率」來分析「行動質」的不足處，就可能無法正確地找出原因。

相反地，如果是從每日記錄的實績到月底結算時以月份呈現出來，由於是累積了一個月份的資料，「轉換率」相對來說會是比較正確的數字。

由此導出的「行動質」不足的原因也會比較正確。

這點在做到「能產出成果的努力」上非常重要。

同樣道理，每日連續記錄，累積一季、半年或者年度為單位的行動實績，數字的精準度也會越來越高。

而且，這種持續累積記錄的觀念，在業務部門以外也通用。

比方說人力資源部門，以按徵才管道的不同累積到三個月或半年為單位的實績來分析，就能夠判斷出是經由仲介還是求職網站比較有效。

總而言之，每日連續記錄除了有助於回顧實績外，對於提升掌握「自己的不足處」的原因的精準度進而付出正確努力上也有助益。

第 2 章

從數字找出瓶頸「行動量」篇

在第一章裡，我們藉由數值化，視覺化了「自己的行動」，
這就是所謂把「自己的現狀」視覺化。

在第一章把「自己的現狀」視覺化後，
第二、三章開始是「改善」的作業，
亦即在「自己的現狀」中，
找出「行動量」的問題在哪裡？
「行動質」的問題又在哪裡？
經由鎖定這些「自己的不足處」
加以改善，
把「工作成果」最大化。
所以，第二章將先介紹找出「行動量」的不足處，
並提出改善的方法。

改善「質」之前先改善「量」

再重複一次，「工作成果＝『行動量』×『行動質』」。

所以，若想把「工作成果」最大化，成為「超級上班族」，各位就要把「行動量」和「行動質」最大化。

所謂的「行動量」，以業務部門來說，就是取得了多少約見、進行了多少磋商；以行銷部門來說，就是接觸了多少潛在客戶等。

此外，如果是人力資源部門，就是取得多少應徵量；公關部門就是發出多少新聞稿。

總之，一切都以「量」來表示。

所謂的「行動質」，以業務部門來說，就是磋商技巧、簡報資料是否易於理解，或者跟進客戶的技巧；行銷部門則是如何讓橫幅廣告內容有魅力，吸引潛在客戶的目光等。

如果是人力資源部門，就是在面試時是否能向應徵者確實傳達企業、職場或工作內容的魅力；公關部門就是如何撰寫具有魅力的新聞稿，讓媒體感興趣等。

這些都是無法以「量」來表示的「質」的部分。

那麼，要改善工作成果，「行動量」和「行動質」應該先從哪一個著手呢？

從結論來說，從「行動量」著手比較好。

因為**增加「行動量」比提高「行動質」容易**。

「行動量」客觀性高且能夠鎖定在一個原因

剛剛提到，比起提高「行動質」，增加「行動量」比較容易。

而最先能想到的理由，就是**「行動量」客觀性比較高**。

以業務部門為例，假設「由面談進入磋商的轉換率（＝磋商率）」數字不好看。

就是「面談」的「行動質」低。

而且，行動質低的原因可能有數個。

比方說，可能是簡報的表達方式有問題，可能是簡報資料本身有問題。

也可能是在磋商的時間安排上應該花更多時間聆聽，又或者根本問題在於沒有正確鎖定潛在客戶。

總之，這些原因裡面哪個才是真正的原因，不可能100%確定。

所以，就算以為問題出在簡報資料本身而去改善，也無法確定是否立刻就能提升「行動質」。

人力資源部門的情況也一樣，當「由承諾入職到入職的轉換率（＝入職率）」低時，問題可能出在所提出的徵才條件。

也可能是在承諾入職到入職這段期間的跟進，或者真正問題在於應徵者並不是真的那麼喜歡這家公司。

無論如何，要鎖定真正的原因並不容易。

更不用說，還有就算鎖定了原因，但原因之中尚有數個原因要繼續深究的情況了。

例如，已經掌握到是簡報資料本身有問題，但問題是出在簡報資料提出的方式？還是沒有把報價等放在簡報內？又或者是資料太多太冗長……

可能的原因會一直冒出來。

因此才會說要鎖定「行動質」低的原因很困難，而且不論改善了什麼，都無法確定是不是能奏效。

相對地，「行動量」有問題的話，可以鎖定在一個原因上。

例如，「電話」量不足，原因就單純是「電話量太少」；「應徵」量不足，原因就單純是「應徵量太少」，只有這一個。

因此，單純地提高「電話」或「應徵」量，「行動量」就會確實上升，連帶地「工作成果」也會提升。

一開始之所以說「行動量」客觀性高的理由就在於此，而且只要一著手，努力就會有成果。

「行動量」容易掌控

除了客觀性高外，另一個應該優先從「行動量」著手的理由是——「行動量」容易掌控。

舉例來說，在業務部門有「磋商率」，在人力資源部門有「入職率」這些自己無法掌控的部分。

意思是，無論你的簡報品質多高，都有可能因為顧客預算不足而無法進入磋商的可能。

無論你提出的徵才條件多好，都有因為應徵者自身的價值基準，最後選擇別家公司的可能。

簡言之，在考慮「行動質」時，很多時候因為有「對象」這個變數存在，**會有自己無法掌控的部分。**

另一方面，「行動量」幾乎都是操之在己，容易增加。

以業務部門來說，要不要提高「ＤＭ」或「電話」量，取決於自己是否要採取「發送ＤＭ」、「撥電話」的行動，如此而已。

以人力資源部門來說，要增加「應徵量」，只取決於是否要增加徵才廣告或者委託的仲介，相對而言，幾乎都是自己能掌握的事。

尤其，對年輕的企業戰士來說，在經驗和技巧都不成熟的時候，增加「行動量」是產出成果的捷徑。

透過「行動量」維護自己的心理健康

除了前述理由外，還有其他應該從「行動量」優先著手的理由，就是——「維護自己的心理健康」。

原因在於，人們常會下意識地把問題丟給「行動質」。

你是不是也在工作時，只在意「自己的試探方式是不是有問題？」、「自己的說話技巧是不是有問題？」等能力或技術面，亦即「行動質」的問題？

又或者，有時甚至會鑽牛角尖地認為「是不是因為自己沒有魅力所以搞不定？」

問題是，一開始就去檢討「行動質」，會過度責怪自己，產生情緒的起伏。

但很多時候幾乎都是「單純的行動量不足」而已。

我想起在 KEYENCE 時代外出跑業務，有時我負責的潛在客戶來訪，因為怕等我回來才處理會怠慢客人，其他同事先幫我敲定了約見。

等我回到公司看到那些預約，發現其中也有很多是自認為「如果是自己的話不會和這樣的企業約見」的那種對象。

但實際去拜訪後，也有感覺很好，爽快成交的例子。

我想說的是，就算跑了十年業務，產品能賣給什麼樣的顧客，有時仍是不實際接觸就不知道。

也有不少是事前認為應該會成交而約見，但最後沒進入磋商的例子。

從這些經驗讓我明白到，很多時候，認為是「自己能力或技術面有問題」只是一種迷思；與其聚焦在行動質，單純地去增加行動量還比較會有成果。

總之，因為試著增加「行動量」而看到成果，就能從以往認為之所以沒有成果是因為自己的能力或技術面有問題的迷思中解放。

察覺「什麼嘛！在煩惱行動質之前，應該先看看是否量不夠嘛！」

這樣一來，也會因為工作比較容易有成果，漸漸覺得像遊戲一樣，不會每日情緒起伏，因此又能更加取得成果，讓自己進入一個良性循環。

提高「行動量」不是精神力論

當我像前述那樣強調「『行動量』很重要」時。

會有人誤解為「說來說去，不就是精神力論嗎？」

「在現在這個時代還強調『量』，太落伍了！」

事實上，我所認為的「精神力論」，是在不知道方向和程度下盲目努力，而且雖然沒有什麼成果，卻又再繼續盲目努力這樣的惡性循環。

而本書所說的「行動量」，是指在掌握「能夠產出成果的努力方向（流程）」和「努力程度（KPI）」的前提下有效率地只做必要的努力。

而且，因為能做出成果，就會再進一步把努力的目標和量設定各流程KPI，是一種帶來在有效率地努力下產出成果的良性循環的行動。

就我所知，誤以為強調行動量就是在講精神力論的人，似乎抱有KEYENCE的員工也是以精神力論在拚命工作的印象。

事實上，現在的 KEYENCE，員工在晚上九點前一定要離開公司，大家都有效率地工作著。

更精確來說，在 KEYENCE，是追求徹底數值化下有效率地工作。

簡言之，數值化是為了以最小的努力達成最大成果的一種方法。

首先從「最上游流程」的數字優先改善

到這裡為止，已經傳授了「行動量」的改善優先於「行動質」的理由。知道理由後，接下來要傳授實際上「找出『行動量』的瓶頸（不足處）並改善」的方法。

首先，在找瓶頸時，最先要留意的，就是「看『最上游流程』的數字」。

「最上游流程」的數字決定了「成果」

什麼是「最上游流程」？

舉例來說，業務部門有「ＤＭ→電話→約見→面談→磋商→接單」這些流程，其中最上游流程就是「DM」。

當然，如果省略「DM」這個流程，從電話展開流程的話，「電話」就是最上游。

另一方面，在人力資源部門的徵才流程上，由於有「應徵↓書面審查↓第一次面試↓第二次面試↓最終面試↓承諾入職↓入職」這些流程，最上游就是「應徵」。

那麼，為何「最上游流程」要優先改善呢？

因為，在管理上，隨著流程由上往下，數字會被濃縮。

理所當然地，最上游的DM或應徵量會最多，而最下游的接單或入職量會變少。

像這樣，隨著一關關的流程篩出數值的模型稱為「Funnel（漏斗）」（圖

圖表 11｜人力資源部門和業務部門的漏斗

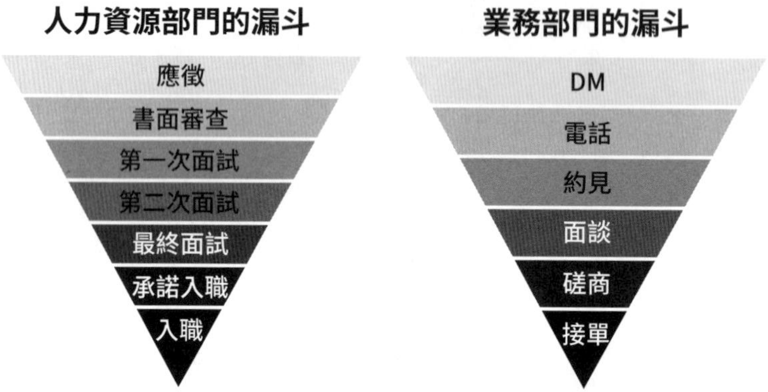

表11）。

雖然這主要是行銷上的用語，但在商務上已是廣泛被使用。

由圖表可知，越到下游數字越小。

舉例來說，發送五十件DM的話，接單量不會超過五十件。

但發送一百件DM的話，接單就可能超過五十件。

換言之，DM或者應徵量少的話，接單或入職量必然減少。

所以，想提高接單或入職量，大前提是要增加DM或者應徵量。

當我還是 KEYENCE 的業務員時，就親身印證了真的有辦法透過提高「行動量」來挽救低落的營業額。

還記得，那時營業額惡化。

在工作時間結束後，我每天列出企業名單，大量發送 DM。

試著提高最上游流程的行動量。

結果，很自然地增加了電話量，連帶也提高了約見量。

最後，成功提升了營業額。

而且，儘管當時是營業額大幅滑落的時期，在團隊成員採取一致行動後，營業額激增，我們獲得了業務部門團隊第一名。

說穿了，是很單純的做法，跟能力或技術無關。

只是增加最上游的「行動量」而已，就實際感受到所謂的工作成果竟能如此簡單地提升。

「上游流程」容易掌控

此外，「最上游流程」要優先改善的理由是：「『上游流程』容易掌控」。舉例來說，就算是相對容易掌控的行動量，因為在「磋商數」或「承諾入職者數」這些下游流程中有「對象（顧客或有意願的應徵者）」存在，所以有不確定性。

但在「ＤＭ」或「應徵」等上游流程，基本上跟「對象」沒有關係。無論是增加「ＤＭ」或「應徵」，原則上只關乎「自己要不要行動」而已。換言之，越是「上游的流程」，自己越容易掌控。

在前節我之所以用稍微曖昧的說法：「『行動量』幾乎都是自己容易掌控的狀況」原因在此。

因為，跟「行動質」相比，「行動量」的確比較容易掌控，但不代表所有的「行動量」都能掌控。

精確來說，縱使在容易掌控的「行動量」中，程度還是會有所區分，特別容易掌控的是「『行動量』的最上游流程」。

總而言之，最上游流程最容易掌控，而且在機率相同的前提下，會大大左右下游的「KGI」數。

所以，一定要從「最上游流程」下刀。

找出「行動量」的瓶頸的方法

前面已經學到，在提高「行動量」的做法上，最優先的就是提高漏斗最頂端，亦即「最上游流程」的行動量，如此一來，之後的流程的行動量理論上必然增加。

所以，如果一開始已經先處理「最上游流程」並產出成果但仍舊遭遇瓶頸，接下來就是找出「行動量」的瓶頸並解決問題。

那麼，找出「行動量」的瓶頸的方法是什麼呢？

就是「**比較**」。

原理在於——數字這種東西，不去比較的話就不會知道好壞。

圖表 12 | 由「三個比較軸」把數字立體化

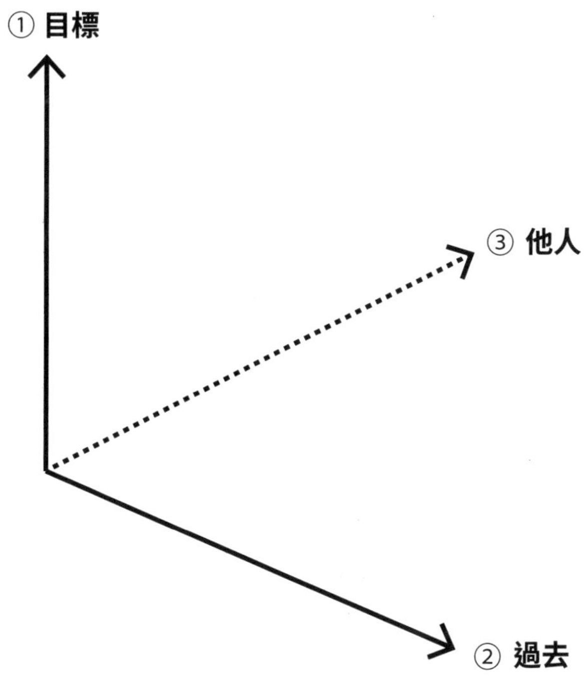

舉例來說，自己一日拜訪四位客戶，或者一日取得十位應徵者，光看這樣的數字沒辦法知道是多還是少。

同樣道理，各工作流程的數字沒有經過比較，就沒辦法知道好壞；反過來說，經過比較後，數字不好的流程就是瓶頸。

而要找出「行動量」的瓶頸所作的「比較」，有三種方法。（圖表12）

以下按順序來看。

方法1 「行動目標」VS「行動實績」

找出「行動量」的瓶頸的第一個「比較」，就是「行動目標（KPI）」跟「行動實績」的比較。

所謂「行動目標」，基本上是以過去的實績為基準所制定的計畫。

因此，當「行動實績」低於行動目標的數字時，就要去思考是目標設定錯誤，還是行動量不足。

圖表 13 ｜「行動目標」和「行動實績」的比較
（業務部門的例子）

行動目標（8 月）

	DM	電話	約見	面談	磋商	KGI＝接單
合計件數	20	20	2	2	1	1

-7%

行動實績（8 月）

	DM	電話	約見	面談	磋商	KGI＝接單
合計件數	13	13	1	1	0	0

此外，假如「行動目標」是以過去的實績加上有實現可能的成長空間所算出來的數字，問題可能就出在對於自己的「行動量」判斷，在某些地方有所高估。

以減重為例，明明目標是減到六十公斤，卻只減到六十二公斤的話，可以知道是運動量或飲食管理出了問題。

雖然可能也會懷疑設定減到六十公斤是否太天真了，但從過去有過六十公斤的時代來

圖表 14 ｜「行動目標」和「行動實績」的比較
（人力資源部門的例子）

行動目標（半年）

	應徵	書面審查	第一次面試	第二次面試	最終面試	承諾入職	KGI ＝錄取人數
合計件數	155	93	84	42	21	15	12
轉換率（%）		60%	90%	50%	50%	71%	80%

行動實績（半年） -35%

	應徵	書面審查	第一次面試	第二次面試	最終面試	承諾入職	KGI ＝錄取人數
合計件數	120	70	63	32	16	11	9
轉換率（%）		58%	90%	51%	50%	69%	82%

看，可以說這絕非脫離現實的目標。

以業務部門為例，圖表13顯示了八月的「行動目標」和「行動實績」各流程的數字。

從「DM」和「電話」來看，相對於行動目標為二十件，行動實績只有十三件，明顯實績低於目標。

此時，若行動目標的數字是以過去的實績為基礎，是有根據的合理數字，就能判斷出八月的行動量不足。

因此，要從提高「DM」和「電話」的件數來「改善」。

換言之，這裡的「行動量」的瓶頸是「DM」和「電話」。

同樣也看看人力資源部門徵才的例子。

圖表14顯示了在人力資源部門徵才上，半年的「行動目標」和「行動實績」。

在這個例子裡，「應徵」實績的一百二十件，遠低於目標的一百五十五件。「書面審查」實績的七十件，也遠低於目標的九十三件。

不過，要注意的是，由於後面的流程會受到前一個流程行動量的影響，所以光是跟各個目標數字比較，無法得知該流程行動量下滑的實況。

因此，要參照轉換率。

參照的結果發現，「書面審查」的實績轉換率（在「應徵」中，有多少比例進入「書面審查」）跟行動目標的轉換率沒有太大不同。

由此可知，「從應徵到書面審查的『質』跟行動目標相比並不差」，因此可確認「書面審查」的行動量之所以減少，是因為「應徵」的行動量小。

同樣再觀察其他的轉換率，基本上無論哪一個轉換率都沒有大幅低於行動目標的情況，所以能夠判斷「行動質」沒有任何問題。

但由所有流程的「行動實績」都低於「行動目標」來看，可以確認只有上游的「應徵」是「行動量」的瓶頸。

方法2 ● 「過去的數字」vs「行動實績」

第二個「比較」方法，是「過去的數字」和「行動實績」的比較。

由於過去的實績是實際上已經確定的數字，所以是非常有說服力的數字。

首先，當現在的實績低於過去的實績，就能夠判斷出行動量明顯下滑。

而且理論上，實績無論如何都是要成長的。

比過去的實績低，就明顯有問題。

畢竟，過去的實績是為了自己的成長，而需要確實超越的數字。

簡單來說，跟目標比較，是「計畫性的檢視」；跟過去的實績比較，是「成長度的檢視」；而後面介紹的第三個「跟他人的比較」，則有「檢視實績跟行情差距」的作用。

好，接下來，我們實際以具體的例子來比較看看「過去的數字」和「行動實績」。

圖表15是「二〇二二年八月行動實績」和「二〇二三年八月行動實績」的比較。

需注意的是，在跟過去的實績比較時，雖然也可以跟上個月的實績比較，但有時每個月的工作日數會不同，或者部分商品有季節性的問題，所以**跟去年度同月相比，是比較合於現實的做法**。

圖表 15 ｜ 「過去的數字」和「行動實績」的比較
（業務部門的例子）

行動實績（2022年8月）

	DM	電話	約見	面談	磋商	KGI＝接單
合計件數	18	18	2	2	1	1

行動實績（2023年8月）

	DM	電話	約見	面談	磋商	KGI＝接單
合計件數	13	13	1	1	0	0

以例子中的跑業務實績作比較，由於「DM」和「電話」跟去年同月相比呈現下滑，可見有很大的問題。

畢竟過去做得到，現在不但沒有成長還下滑。

在KEYENCE，就把比過去的實績下滑，視為比未達標還嚴重的問題。

因為，這代表具相同能力的人「行動量」下滑。

換言之，就是被認為沒有掌控好應該能掌控的「行動量」。

而且如前所述，現在的實績相對於去年同月的實績是一定要成長的。

同樣地，我們看一下人力資源部門的例子。

圖表16顯示了人力資源部門在徵才上，去年度上半年和今年度上半年的實績。

相較於一年前，作為ＫＧＩ的錄取人數由九人減為八人，反映出很大的問題。

此外，在這個例子裡，最上游的「應徵」從一百二十件掉到一百一十件。且其他所有「行動實績」都下滑。不過，由於轉換率沒有大幅下滑，可知問題是出在「行動量」，瓶頸尤其是在上游的「應徵」和「書面審查」。

圖表16 | 「過去的數字」和「行動實績」的比較
（人力資源部門的例子）

行動實績（2022年上半年）

	應徵	書面審查	第一次面試	第二次面試	最終面試	承諾入職	KGI＝錄取人數
合計件數	120	70	63	32	16	11	9
轉換率（%）		58%	90%	51%	50%	69%	82%

行動實績（2023年上半年）

	應徵	書面審查	第一次面試	第二次面試	最終面試	承諾入職	KGI＝錄取人數
合計件數	110	66	58	29	15	10	8
轉換率（%）		60%	88%	50%	52%	67%	80%

方法3 ● 「他人的數字」VS「行動實績」

第三個比較方法是，把「他人的數字」和「行動實績」作比較。

亦即，把公司內其他第一線員工的行動實績和自己的行動實績加以比較。

跟「他人的數字」比較，好處是有參考標竿。

比方說，你是入職第二年的員工，跟同樣入職第二年的員工相比，就能客觀地看出差異在哪裡。

尤其，跟多數人比較，會因此培養出「實績行情感」，掌握到自己的實績是在平均值內，還是意外地好，又或者努力完全不夠。

而且，還能夠藉由和他人相比，看出自己的「流程弱項」或「流程強項」，進而比較容易注意到「行動量」的改善點。

畢竟，有時候只觀察自己的成長，會有到了瓶頸的感覺。

此時，就試著跟公司內頂尖的第一線員工比較看看。

會發現光看最後結果的營業額或許看不出什麼端倪，但把各流程的數字一比較，就能看出頂尖的第一線員工在哪個流程有絕對優勢。

事實上，就我所知，頂尖的第一線員工，「行動量」往往是平均值的兩倍左右。

換句話說，在談「才能」或「技巧」之前，頂尖者在行動量上就已具有壓倒性的優勢。

當我們看到眼前這個事實，就會驚訝於自己本來認為頂尖者的實績是「因為有特別的才能」、「客人優質」這類自我辯護的推測是如何地失準。

藉以提醒自己，認為才能或技巧不如人，只是一種遁辭罷了。

要特別一提的是，當頂尖的第一線員工在某個流程上的數字特別突出時，雖然也可以由公司內共享的資訊來分析他的行動，但最快的方式還是去請教本人是作了何種努力？下了何種工夫？

畢竟，由本人口中說出來的努力過程和所下的工夫有其說服力，並且面對面請教還可以問到自己滿意為止。

以上說明了由三個面向來比較「行動量」的方法，**從結論上來說，就是由多面向來評價「行動量」，讓評價更客觀，更容易找出改善點**。

老實說，這也是基於我個人經驗而得出的結論。

記得我還是 KEYENCE 的業務員時，本來只做前述「①：『行動目標』和『行動實績』的比較」。

但在當了五年左右的業務員後調到總公司，看到事業部長多面向掌握數字的方法深受衝擊。

一直以來，我只以「行動目標」來評價「行動實績」，事業部長則是加上「過去的實績」和「他人的實績」進行立體地比較。

過去只透過目標掌握業績的我，當加上跟其他產品線和過去的實績比較的角度後，一切都改變了。

也藉此鍛鍊了看數字的方法。

現在回想起來，我會希望早一點知道這個方法。總而言之，這是用途很廣的看數字的方法，請務必活用看看。

調整「一日四百八十分鐘」的資源分配進而解決瓶頸

目前為止已經看了為找出「行動量」的瓶頸，要把「行動實績」和「行動目標」、「過去的數字」、「他人的數字」加以比較的三個方法。

當然，在找出瓶頸後，就要解決並改善它。

那麼，「行動量」的瓶頸要如何解決呢？

關鍵就在「調整自己的資源分配」。

亦即擬定「時間的運用方式，斷然決定不做的事」。

四百八十分鐘是「產出附加價值的時間」

在企業經營上，常會聽到「所謂的戰略就是資源分配」的說法。

意思是說，經營戰略的良窳取決於是否把有限的資源分配到適切的地方，換言之，「資源的分配」決定了經營成敗。

而且，這不限於企業，對個人也一樣。

那麼，對個人而言，所謂的資源是指什麼呢？

就是「**時間**」。

你一日的工作時間只有六十分鐘×八（小時）＝四百八十分鐘。

如何把這有限的時間，集中於「高附加價值的工作」，左右了你的工作成果。

可以說，解決「行動量」的瓶頸，就是「在一日四百八十分鐘這有限的

時間裡，如何運用、取捨」的調整作業。

什麼意思呢？假設，在跑業務上，分析出「行動量」的瓶頸，在於「電話」量出了問題。

此時，首先會想到要提高「電話」量。

可是，又不能為此加班。

所以，在「一日四百八十分鐘」裡要增加「電話」量，理所當然地要減少些什麼。

因此，要重新檢視一日之中工作的時間分配。

此時，能想到幾個選項：

●縮短每次講「電話」的時間

●一日的工作中，在「電話」以外的任務裡決定「減少作業時間的工作」

●一日的工作中，在「電話」以外的任務裡決定「不做的工作」

●一日的工作中，在「電話」以外的任務裡決定「交給他人的工作」

……透過這些方式來調整時間，增加「電話」量。

舉例來說，一般會認為「MTG（會議時間）是一小時」，但實際上很多時候沒有必要花這麼多時間。

此時，要大幅減少會議時間或許很困難，不過只要把每次MTG的時間縮短為「四十五分鐘」，就會產生新的十五分鐘；假設一日有四次MTG，就能擠出十五分鐘×四（次）＝一小時的時間，

這個時間，就能用來提高「電話」量。

總之，就是在固定的「一日四百八十分鐘」內，把時間分配到更高附加價值的工作上。

圖表 17｜「行動目標」和「行動實績」
（人力資源部門的例子）

行動目標（半年）

	應徵	書面審查	第一次面試	第二次面試	最終面試	承諾入職	KGI＝錄取人數
合計件數	155	93	84	42	21	15	12
轉換率（%）		60%	90%	50%	50%	71%	80%

行動實績（半年）

	應徵	書面審查	第一次面試	第二次面試	最終面試	承諾入職	KGI＝錄取人數
合計件數	120	70	63	32	16	11	9
轉換率（%）		58%	90%	51%	50%	69%	82%

目前為止是以業務部門為例，接下來，看看要解決人力資源部門的瓶頸時該怎麼做。

假設如圖表17所見，相對於行動目標，行動實績上的「應徵」件數不足。

換言之，「應徵」就是瓶頸。

此時，要如何調整「一日四百八十分鐘」的資源分配呢？

由於我們知道徵才有許多管道，若是直接徵才，就把資源集中在提高「求才信的發送」上。

此時，跟業務部門相同，按以下做法擠出「發送求才信的時間」：

●縮短每次「發送求才信」的時間
●一日的工作中，在「發送求才信」以外的任務裡決定「減少作業時間的工作」
●一日的工作中，在「發送求才信」以外的任務裡決定「不做的工作」
●一日的工作中，在「發送求才信」以外的任務裡決定「交給他人的工作」

此外，一旦在徵才上提高應徵量，自然會拉高面試量，而要處理增加的面試量，考慮把原本六十分鐘的面試時間壓縮為四十五分鐘，也是可行的做法。

比方說，可以把面試提問的項目精簡到必要的最小限度等。

寫下「一週工作內容」重新檢視

如同前述，要把「一日四百八十分鐘」這個有限的資源，分配給高附加價值的工作。至於再分配的進行，可先以一週為單位，檢視現在的資源分配。

換句話說，就是在一日四百八十分鐘×五（日）＝兩千四百分鐘裡，寫下「你現在是如何運用時間？」把它視覺化。

只要把一週的工作內容寫下來重新檢視，會看出會議時間過長或是自己正做著無意義的工作。

也能發現，自己花太多時間在製作企劃書或報價單等問題。

精準判別適切資源分配的「4D架構」

本章最後，介紹一下當你對於「一日四百八十分鐘」的資源分配感到毫無頭緒時會有所幫助的架構。

圖表18是時間管理上知名的「4D」矩陣圖。

可以利用這個架構，事先檢視一下自己工作的優先順序。

首先，在矩陣圖的四個架構中將自己的工作內容分類：「重要且緊急的工作（DO）」一定要自己做；「不重要但緊急的工作（DELEGATE）」交給他人或外包。

「不緊急但重要的工作（DEFER）」延後；「不重要也不緊急的工作（DELETE）」斷然決定「不做」。

經由這樣的時間管理，創造出更多時間，然後由「行動量」的紀錄與數值化的結果來執行PDCA。

例如，業務部門可以考慮在接單後把事務性程序等交給他人。

圖表 18 | 時間管理的架構

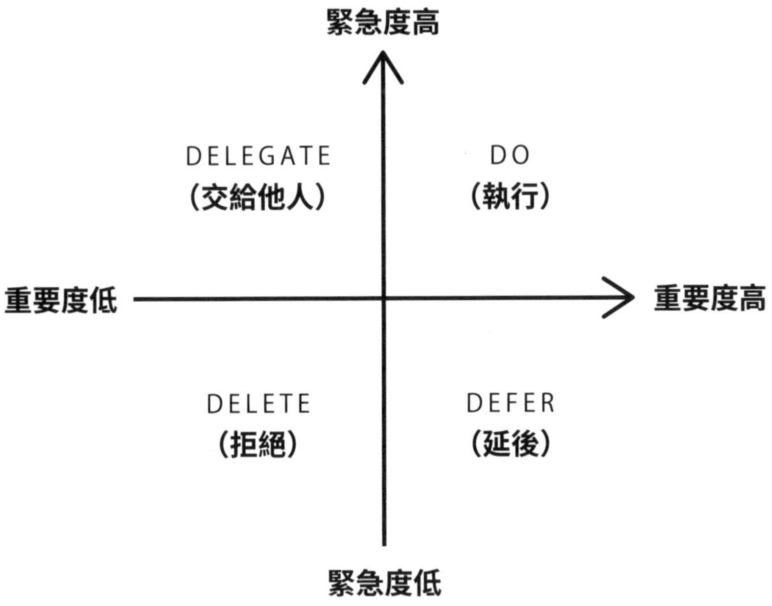

第 3 章

從數字找出瓶頸

「行動質」

篇

「工作成果」＝「行動量」×「行動質」

關於這個公式，
本書第二章傳授了找出「行動量」的瓶頸並解決，
以達到「行動量」最大化的方法；
而且，如同目前為止所傳授的，
基本原則是——
「行動量」的改善先於「行動質」。

不過，畢竟「你」這個資源有限，
透過「行動量」的改善來提高成果的手法有其極限，
此時就必須要改善「行動質」。
因此，第三章將傳授找出「行動質」的瓶頸，
並加以解決的方法。

「找出應該投入八成資源的地方」

單單是改善了第二章所提到的「行動量」的瓶頸，「工作成果」就有大大變化。

要注意的是，生意上一定有「對象」。

且就算用盡各種方法，「對象」最終接受與否，總有「由對象掌控」的地方。

此時，最不應該發生的，就是執著於「單一對象」。

換言之，就是對於「單一無法掌握的對象」想方設法。

因為，不論是多棒的提案，都可能以「0」告終，而且就算成功，花了大量精力和時間所獲得的也只是「1」這個結果。

所以，重點在廣泛接觸「對象」。

或許現在這個時代，主張「**比起接觸『無法掌握的單一對象』，接觸『許多無法掌握的對象』，更能增加成交量**」的說法，聽起來像是一種精神力論，事實上卻是極為合理的主張。

因為光是從「行動量」著手，就已經能相當地改善「工作結果」，朝向成為「超級上班族」邁進。

不過，一如前述，人能夠行動的時間畢竟有限，再怎麼樣透過提高「行動量」來改善總有極限。

此時，要朝「更高境界」邁進。

跟周遭的人拉開差距，成為真正「超級上班族」。

要做的就是改善「行動質」。

「改善了這裡，結果就『大大』不同」，這裡是指哪裡？

「行動量」固然非常重要，但沒有顧及「效率」的問題。因此，經由「行動量」的改善確保了「量」後，接下來就是透過提高「效率」來改善「工作成果」。

這就是所謂「行動質」的改善。

以業務部門來說，就是磋商技巧、簡報資料是否易於理解，或者跟進客戶的技巧；行銷部門則是如何讓橫幅廣告的內容有魅力，吸引潛在客戶的目光等。

如果是人力資源部門，就是在面試時是否能向應徵者確實傳達企業、職場或工作內容的魅力；公關部門就是如何撰寫具有魅力的新聞稿，讓媒體感興趣等。

換言之，就是經由這類「行動質」的改善，去深入改良「工作效率」。

而且，要深入改良「效率」，最好的改善方法當然就是「**相對於投入的時間和精力所能獲得的最大改善**」。

所謂「行動質」的改善，就是像這樣找出「改善了這裡，結果就『大大不同』」的地方並執行改善的作業。

而「KEYENCE數值化」就是落實它的方法。

「行動質」的改善讓工作更有樂趣

由於改善「行動質」是比改善「行動量」更富創意的作業，試著體驗一下，會發現非常有趣。

例如：改善簡報資料、調整業務溝通內容、精進接觸顧客的方法以及改變撥電話的時機等。

畢竟，不論是跟顧客溝通的方式或展示產品的模式，一成不變的話是很無聊的。

甚至也可以自己動腦筋把客戶的反應變化透過數字視覺化，工作就不會單調無聊。

總之，以具創意的方式執行ＰＤＣＡ，找對方法時，轉換率就會明顯提升，也由於能感受到成果，會有宛如遊戲般的感覺。

看各流程間比例的「轉換率」

如同前述，在改善「行動量」後，想更加進步，就要著手處理「行動量」所無法處理的「效率」問題。

這就是要改善「行動質」的意義。

瞭解了改善「行動質」的意義後，接下來要解說如何實際上找出「行動質」的瓶頸及其改善方案。

首先，為了找出「行動質」的瓶頸，要看什麼數字呢？

就是序章介紹過的「轉換率」。

由於「轉換率」是非常重要的概念，這裡就稍微詳細地解說一下。

從「轉換率」掌握「行動質」

圖表19、20是業務部門和人力資源部門流程管理的例子。

深灰色格子內的數值，就是轉換率。

例如，在「應徵」的一百五十五件裡面，進入「書面審查」的有九十三件，所以書面審查的轉換率（應徵總數中進入書面審查的比例）為60％。

60％這個數字，顯示了「應徵」中進入「書面審查」的機率，這個數字低的話，代表進入書面審查的候選者少。

此時，如果能提高這個機率，則縱使在同樣「應徵」件數中，也會增加「書面審查」的件數。

簡單來說，所謂的轉換率，是指相對於某流程「行動量」的下一個流程的「行動量」比例。

圖表 19｜流程管理的例子
（業務部門的例子）

行動目標（2023年8月）

	DM	電話	約見	面談	磋商	接單（KGI）
合計件數	250	242	60	24	16	12
轉換率（%）		97%	25%	40%	67%	75%

圖表 20｜流程管理的例子
（人力資源部門的例子）

行動目標（半期）

	應徵	書面審查	第一次面試	第二次面試	最終面試	承諾入職	KGI＝錄取人數
合計件數	155	93	84	42	21	15	12
轉換率（%）		60%	90%	50%	50%	71%	80%

換言之，就是顯示了經**「漏斗篩出後進入下一層的機率」**。

而轉換率的「轉換」，就是進入下一個流程的意思。

寫成公式的話如下：

轉換率＝該流程量÷前一個流程量×一百

請注意，轉換率一定會受到前一流程的制約。

以製造業的術語來說，相當於良率。

因此，假如「應徵」有一百五十五件，通過「書面審查」件數就不能超過一百五十五件。

必定要被一定的機率濃縮。

那麼，為何要注意轉換率呢？

簡單來說，要找出應該改善的流程時，「行動量」要看件數，「行動質」要注意轉換率。

因為，轉換率顯示了前一個流程的成果，有多少機率反映在下一個成果上。

以剛剛的例子來說，相對於「應徵」的一百五十五件，進入「書面審查」的有九十三件；若從「行動量」來尋求改善的話，會得出提高「應徵」件數的結論。

問題是，如果已經無法再提高應徵量，在相同件數的「應徵」下，就要把目光移到提高進入「書面審查」機率的「行動質」改善上。

這個「機率（前一個流程的成果，有多少機率反映在下一個成果上？）」低，代表那個流程的「品質」低，則該流程就是瓶頸。

所以，只要改善了這個流程，就能提高「行動質」。

在這個例子上，要以數字來檢視，就是要留意反映「應徵」到「書面審查」機率的轉換率。

決定「目標轉換率」時的注意點

在轉換率上，要注意的是訂定目標數字的方法。

第一章也稍微提過，「轉換率」的設定目標跟「行動量」不同，不是增加數字，而是讓數字更小或者至少相同。

換言之，保守地訂定機率很重要。

這麼做的理由在於，轉換率是一種機率，把它提高的話，上一個流程的行動量導出下一個流程的行動量的機率就會提高，會有更容易產出成果的錯覺。

也就是說，漏斗不但沒有變窄反而變寬了。

以上個月的「電話」是一百件，取得五十件「約見」的機會，轉換率50%為例。

此時，假如把這個月的轉換率提高到60%，只要撥八十三件「電話」取得五十件「約見」就達標，會陷入這個月可比上個月輕鬆一點的誤解。

總之，因為永遠要把目標的難度提高，所以要以降低作為機率的轉換率，或者不變為前提。

以此例來說，由「電話」進入「約見」的轉換率就是比上個月的50％低或者維持不變。

如此一來，「約見」量要高於上個月，就要增加「電話」件數。

不過，另一個問題是，就算已把轉換率調降而降低機率，要訂定能獲得「行動量」成果的目標，也只能在流程上游把「行動量」設在能增加的範圍內。

理由是，行動量有其上限，當流程上游的「行動量」已經飽和時，就只能透過提高「行動質」來提高ＫＧＩ。

換句話說，到了這個階段，就要以逐步提高「行動質」為目標。

實際上，我還在KEYENCE的業務部門時，因為把目標一口氣提高到上一個年度的兩倍，一下就到「行動量」的上限。

因此，不得不提升作為「行動質」的轉換率。

例如，把「電話」進入「約見」的目標轉換率提高後，為了達成目標，就要提高「行動質」，踏實地去改善。

以這個例子來說，就算「電話」量不變，為提高「約見」的機率，可以在改善溝通內容、調整撥電話時機，或者提高電話名單的目標客群精準度等上面著手。

找出「行動質」的瓶頸的方法

目前為止已經學到，所謂的「轉換率」，是指相對於上一個流程「行動量」的下一個流程的「行動量」比例，且這個比例同時也代表了「行動質」。

因此，只要留意轉換率，就能找出應該要改善「行動質」的流程。

接著，就來看看如何透過「轉換率」找出「行動質」的瓶頸的方法。

事實上，跟「行動量」一樣，關鍵都在於「**比較**」。

為什麼找出「行動質」的瓶頸，一定要比較呢？

理由如下：

圖表 21 | 飛鏢的命中率

姓氏	A	佐藤	鈴木	高橋	田中	伊藤	渡邊	中村	小林	加藤
命中率（%）	45%	69%	42%	75%	82%	74%	25%	89%	78%	55%

假設你是A，投擲飛鏢命中紅心的機率是45%，這個命中率究竟是高還是低呢？

光看這個數字，恐怕很多人都會表示「不知道」吧。

但是，如圖表21，看一下其他用同樣飛鏢投擲的九個人的紀錄。

如何？

是不是從十個人裡有七個人的命中率比45%高，就可判斷出「這個人的命中率還真低！」了。

不過另一方面，再看到圖表22這個人過去的命中率後，評價又會稍微改觀。

因為單從這個人自身的紀錄來看，45%的

圖表22｜某人過去的飛鏢命中率

投擲次數（第幾次）	1	2	3	4	5	6	7	8	9	10
命中率（%）	15%	17%	32%	28%	55%	53%	34%	29%	17%	36%

平均31.6%⇔45%

命中率算是不錯的成績了。

由此可知，為了評價以「%」表現的數字，有必要跟某些東西作比較。

所以，為了從工作流程中找出「行動質」的瓶頸，也要比較轉換率。

比較的方法有三種，按順序分別是「目標轉換率」vs「轉換率實績」、「過去的轉換率」vs「轉換率實績」，以及「他人的轉換率」vs「自己的轉換率實績」（圖表23）。

以下說明一下為何是這樣的順序。

圖表 23｜用「三個比較軸」，把數字立體化

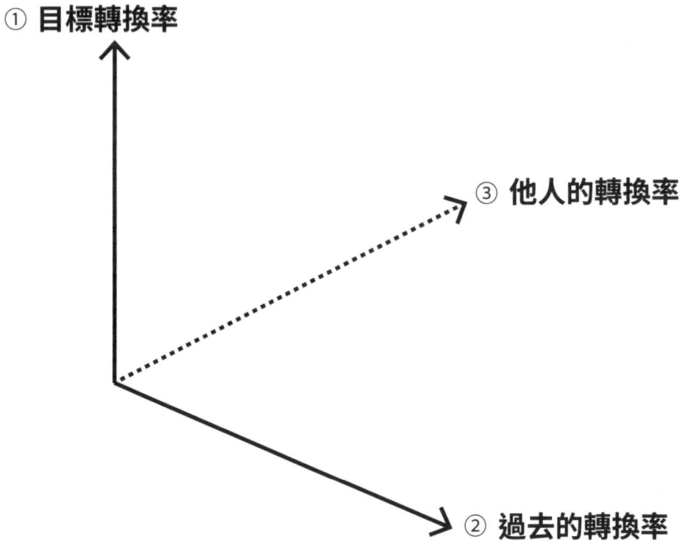

最先列出「**目標轉換率**」是因為在訂定目標時，要參照過去的實績，並考慮今年度所能預測到的條件變化來設定數字。

且預測是否合於現實，必須與今後的目標連動。

至於所謂的條件變化，以外在變化來說，如果是設定二〇〇八年雷曼兄弟破產後金融海嘯引發景氣衰退的隔年目標，則由於「今年度多少可展望到未來景氣的復甦」，所以提高目標值。

又或者預估到「這個月初有新產品上市，所以月底營業額應該會提高」，因此把目標數字提高。

而且，由於想盡可能快速地反映出應該要調整多少預估值，所以最優先要比較的就是「目標轉換率」。

第二個應該加以比較的是「**過去的轉換率**」。

當然，過去的數字已是既成事實，所以沒辦法改變。

不過，既然是做生意，成長非常重要，所以要經由過去的實績來檢視是否有成長。

例如，就算「目標轉換率」未達標，假如實績優於「過去的轉換率」，就能夠評價為有成長。

此外，雖然轉換率比較不容易受季節性變動的影響，但為了正確地比較，與其跟上個月比，跟去年同月比還是比較好。

而在 KEYENCE，也是跟去年同月和前年同月相比較。

第三個是和「**他人的轉換率**」比較。

不過，由於所謂的他人，會有客群的業別和工作範圍差異等條件上的不同，所以純屬參考。

不過還是盡可能參考條件類似的人的實績比較好。

此外，假如同梯中有業績亮眼的人，去分析他業績好的原因並找出比自己優秀的地方的話，也能應用在自己的工作上，對於掌握標竿和市場行情也有幫助。

接著來詳細說明這三種比較的方法。

方法1 「目標轉換率」VS「轉換率實績」

首先來看看業務部門的例子。

圖表24是目標轉換率跟實績的比較。

從各流程的轉換率來看，由「DM」進入「電話」的目標轉換率是97%，而實績則是有相當落差的88%。

由於其他的流程轉換率大致達標，所以「DM」進入「電話」的轉換率是瓶頸。

作為工作內容的一環，連本來應該與發送DM量相同的電話量都遠遠不足，明顯應該改善。

圖表 24 ｜轉換率的目標和實績
（業務部門的例子）

行動目標（2023年8月）

	DM	電話	約見	面談	磋商	接單（KGI）
合計件數	250	242	60	24	16	12
轉換率（%）		97%	25%	40%	67%	75%

行動實績（2023年8月）

	DM	電話	約見	面談	磋商	接單（KGI）
合計件數	250	220	53	21	14	10
轉換率（%）		88%	24%	40%	67%	71%

圖表 25 ｜過去的轉換率和轉換率實績
（業務部門的例子）

行動實績（2022年8月）

	DM	電話	約見	面談	磋商	接單（KGI）
合計件數	250	250	63	25	17	12
轉換率（%）		100%	25%	40%	68%	71%

行動實績（2023年8月）

	DM	電話	約見	面談	磋商	接單（KGI）
合計件數	250	220	53	21	10	7
轉換率（%）		88%	24%	40%	48%	70%

特別是從其他流程的轉換率幾乎都達標來看，毫無疑問是因為電話不足造成KGI的接單件數減少，是要好好反省的實績。

方法2●「過去的轉換率」vs「轉換率實績」

接著，比較看看「過去的轉換率」和「轉換率實績」。

圖表25是比較了二〇二三年八月和去年同月的二〇二二年八月的實績。可以看到轉換率落差最大的，是由「面談」進入「磋商」的流程。

換言之，就是縱使面談了，也沒辦法進入磋商。

由於轉換率反映出「行動質」，所以問題可能出在面談技巧不佳、顧客沒有預算或者需求這些行動質上。

經此比較，找出了「Where（**問題在哪裡？**）」

那找出「Where」之後又該怎麼辦呢？

就是去問「**Why（為何有問題？）**」

「Why」就是「面談」進入「磋商」的轉換率低的原因。

而且，原因分為「提案時的問題」或「提案前的目標客群的問題」。

此外，如果問題出在自己身上，可能就是面談的提案或溝通內容不到位，或者產品沒辦法跟競爭對手區別。

問題如果出在顧客端，可能是顧客沒有預算或者本來就沒有需求，又或者根本是承辦人不適合。

尤其，關於顧客端的「Why」，還可以進一步深究。

比方說，在對方不是目標客群的情況，就要去思考為何跟不是目標客群的企業取得「約見」？為何把不是目標客群的企業列入名單？

又或者之所以選擇了非目標客群的企業，會不會是因為一開始就對自家

圖表 26 ｜解決問題的三個順序

① Where

↓

② Why

↓

③ How

商品的特性所適合的目標客群理解不足？

此時，可借助豐田式的「五個為什麼分析」，問五次「為什麼」。經由反覆地問「Why」，發現問題出在「這次對目標客群的理解不夠」後，「重新研讀研習資料」，或者「向業績好的業務員請教」等「How」就會浮現。

換句話說，雖然一開始的「Why」分為自己的問題和顧客端的問題，但就算是顧客端的問題，經過反覆問「Why」後，很多時候，最後的結論還是「對目標客群的理解不足」等自己的問題。

因此，**就算最初的「Why」被歸類為顧客端的問題，也不能認為「既然這樣，那就沒辦法了」**了事。

最後一定要回到——不把事情當作跟自己有關的話，就無法改善「行動質」的思考上。

況且，也有經過反覆問「Why」後，本來認為是顧客端問題的，發現實際上問題出在自己而需要調整「Where」的情況。

比方說，一開始注意到由「面談」進入「磋商」的轉換率低，就開始在這裡找原因，但最後發現根本是因為對目標客群理解不足以致搞錯目標客群企業時，就要把 Where 調整到上游流程的製作「ＤＭ」發送對象名單上。

像這樣想要改善某個流程的轉換率，亦即想要改善某個「行動質」，結果溯及到要改善更上游流程的「行動質」這種情況，也請務必記起來。

圖表 27｜過去的轉換率和轉換率實績
（人力資源部門的例子）

行動實績（2022年上半年）

	應徵	書面審查	第一次面試	第二次面試	最終面試	承諾入職	KGI =錄取人數
合計件數	155	93	84	42	21	15	12
轉換率（%）		60%	90%	50%	50%	71%	80%

-24%

行動實績（2023年上半年）

	應徵	書面審查	第一次面試	第二次面試	最終面試	承諾入職	KG =錄取人數
合計件數	149	133	120	60	15	7	5
轉換率（%）		89%	90%	50%	25%	47%	71%

接著也來看看人力資源部門徵才的例子。

圖表27是二〇二三年上半年和去年同期的二〇二二年上半年的實績比較。

首先，在研究「Where」時發現，47%的「承諾入職」轉換率跟去年同期相比有大幅落差。

此處就是「行動質」的瓶頸。

接著思考「Why」。

問題可能出在，沒有提出具魅力的徵才條件，以及未有效鞏固魅力以確保求職者承諾入職。

而所謂具魅力的徵才條件是指，例如，提出薪資、員工福利、工作環境、同事相處等面向具吸引力的條件。

所謂有效鞏固魅力以確保求職者承諾入職，是指預定錄取後的跟進，例如：舉辦聯誼、研習會、參觀會等活動，或者定期電話聯絡、發送電子郵件。

此外，假如再深究「Why」，可能會發現關於薪資，有跟同業行情相比不具魅力，或者跟求職者的技能不相當等狀況。

然後，繼續追問「Why」，可能會再發現為何跟行情相較不具魅力，或者跟求職者的技能不相當，是因為薪資體系已經五年未調整，沒有隨物價上漲而加薪等原因。

方法3●「他人的轉換率」VS「自己的轉換率實績」

第三個方法是比較「他人的轉換率」和「自己的轉換率實績」。

圖表28是某個月份「自己的轉換率實績」跟同月份「團隊全體的平均實績」的比較。

首先是找出「Where」，把兩個轉換率實績一比較，發現相對於團隊全體的平均實績，自己的轉換率實績差最多的是「磋商」的15%。

當然，如果團隊全體的轉換率也大幅下跌，就可能是當時的外部環境發生變化。

但是如圖表所示，相對於團隊全體「磋商」轉換率為30%，自己則是15%，顯示是自己的「磋商」流程有問題。

圖表28 | 「團隊的平均轉換率」和「轉換率實績」

團隊全體的平均實績

	DM	電話	約見	面談	磋商	接單（KGI）
合計件數	250	230	60	54	16	12
轉換率（%）		92%	26%	90%	30%	75%

-15%

自己的實績

	DM	電話	約見	面談	磋商	接單（KGI）
合計件數	250	220	53	47	7	7
轉換率（%）		88%	24%	89%	15%	100%

再來，就如同「方法2：『過去的轉換率』vs『轉換率實績』」一樣，深究「Why」徹底找出原因。

附帶一提，雖然這裡也想以人力資源部門的徵才作例子，但在人事上，自己的實績要跟人力資源部門全體的平均或部門同事作比較，我認為很困難。

因為徵才上使用的媒體或渠道常會因承辦人而異，所以條件和流程也各異。

因此，要公平地比較變得難度較高。總而言之，也有因為職種或工作內容而不容易跟「他人的轉換率」比較的情況。

提出「課題解決方案」

在前節學到，透過留意各流程轉換率就能鎖定「行動質」的瓶頸。並以具體的例子，傳授了透過比較轉換率，找出「Where」的方法。

雖然在這些具體的例子裡也有同時提到「Why」的問題，本節則是進一步把「Why」的研究方法體系化，並傳授如何從中導出「How（**如何解決課題**）」。

鎖定瓶頸後找出「原因」的方法

一旦鎖定了工作流程中的瓶頸，就要透過深究「Why」來找出原因。

因為無法鎖定原因，就不知道課題是什麼。

不知道課題是什麼，就沒辦法制定解決方案。

換句話說，沒有深究「Why」，只停留在表面原因就了事的話，就無法制定根本的解決方案，變成了白費力氣。

舉例來說，已經鎖定業務部門由「面談」進入「磋商」的轉換率低是瓶頸時，就要深究「Why」。

如果草率認定問題只出在自己的溝通內容，就會一個勁兒地去取得溝通腳本，在溝通的方式上努力改善。

但如果真正的問題是沒有精準鎖定目標客群，那些努力全都會付諸流水。

為了避免草率認定「Why」，要養成結構性地追究原因的習慣，

而結構性思考的基本方式，我推薦屬於邏輯思維手法的ＭＥＣＥ。

所謂ＭＥＣＥ，就是「Mutually Exclusive and Collectively Exhaustive」的

縮寫，亦即「無遺漏，不重複」。

活用它的好處是，藉由系統性地整理事物，讓思考明確化。

盡可能在要素不重複的情況下產出。

在做法上，就是把所有能想到的原因寫出來，如果有重複就刪除，並且分門別類。

以這個例子來說，磋商率低的原因就如同圖表29所整理。

透過活用MECE寫出並整理可能的原因，就能防止遺漏。

不過，在這些原因中，很難確信哪一個是真正的原因，或者原因是否不只一個，而是有幾個比重不同的原因。

因此，接下來只能由推測的原因中，一個一個篩選，制定解決方案，透過實際操作鎖定真正原因。

換言之，有某種程度試誤調整的必要。

圖表 29 ｜用 MECE 分解原因

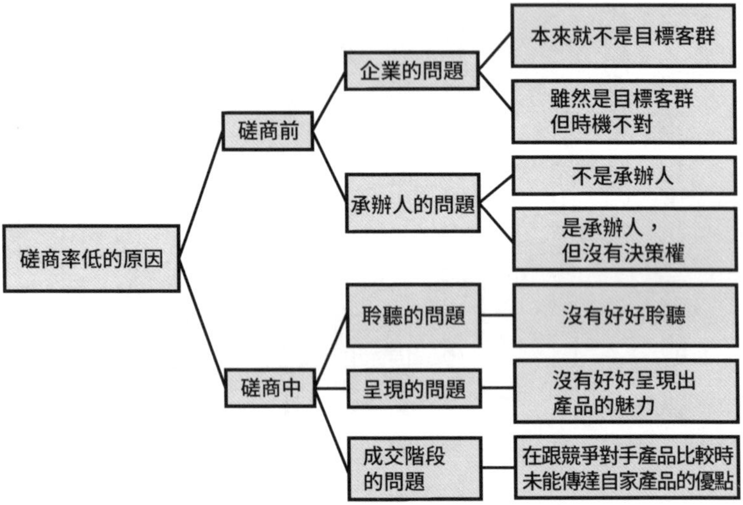
磋商率低的原因
磋商前
企業的問題
本來就不是目標客群
雖然是目標客群
但時機不對
承辦人的問題
不是承辦人
是承辦人，
但沒有決策權
磋商中
聆聽的問題
沒有好好聆聽
呈現的問題
沒有好好呈現出
產品的魅力
成交階段
的問題
在跟競爭對手產品比較時
未能傳達自家產品的優點

反覆深究「Why」

如同前述，寫出原因後，就按主要因素制定對策。且視原因的不同，有必要深究「Why」。

例如，對於「不是業務承辦人」這個原因，進一步深究「Why」，思考為何找錯承辦人。

發現可能是在由「約見」進入「面談」之際，無法好好告知對方想見到怎樣的對話窗口，或者是在由「面談」進入「磋商」時，沒有邀請有決策權的人列席。

此外，對於「本來就不是目標客群」這個問題，就去思考為何接觸的顧客不是目標客群。

發現問題可能出在製作「ＤＭ」發送對象名單時沒有正確鎖定，或者在

「撥電話」或「面談」階段沒有確認好配對度。

像這樣深究「Why」後，自然會浮現作為「How」的解決方案，把它製成如圖表30。

雖然圖表30已整理了每個解決方案，但仍有必要進一步在找到最根本問題前反覆深究「Why」。

舉例來說，對於「本來就不是目標客群」這個問題，流程上的解決方案就是「提高製作『DM』發送對象名單的配對精準度」、「在『電話』或『面談』時確認配對度」。

那麼，如何提高配對精準度呢？此時，就要思考為何無法一開始就鎖定目標客群。

假設，發現問題可能出在「沒有區分好目標客群和非目標客群」，就再深入追問「Why」，又發現「沒有區分好目標客群和非目標客群」的原因是「缺

圖表 30｜深究「Why」

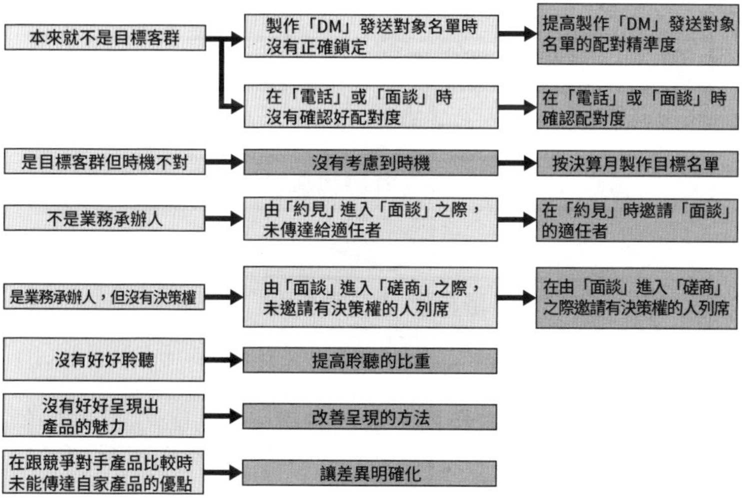
本來就不是目標客群
製作「DM」發送對象名單時沒有正確鎖定
提高製作「DM」發送對象名單的配對精準度
在「電話」或「面談」時沒有確認好配對度
在「電話」或「面談」時確認配對度
是目標客群但時機不對
沒有考慮到時機
按決算月製作目標名單
不是業務承辦人
由「約見」進入「面談」之際，未傳達給適任者
在「約見」時邀請「面談」的適任者
是業務承辦人，但沒有決策權
由「面談」進入「磋商」之際，未邀請有決策權的人列席
在由「面談」進入「磋商」之際邀請有決策權的人列席
沒有好好聆聽
提高聆聽的比重
沒有好好呈現出產品的魅力
改善呈現的方法
在跟競爭對手產品比較時未能傳達自家產品的優點
讓差異明確化

圖表 31 ｜進一步深究「Why」
（業務部門的例子）

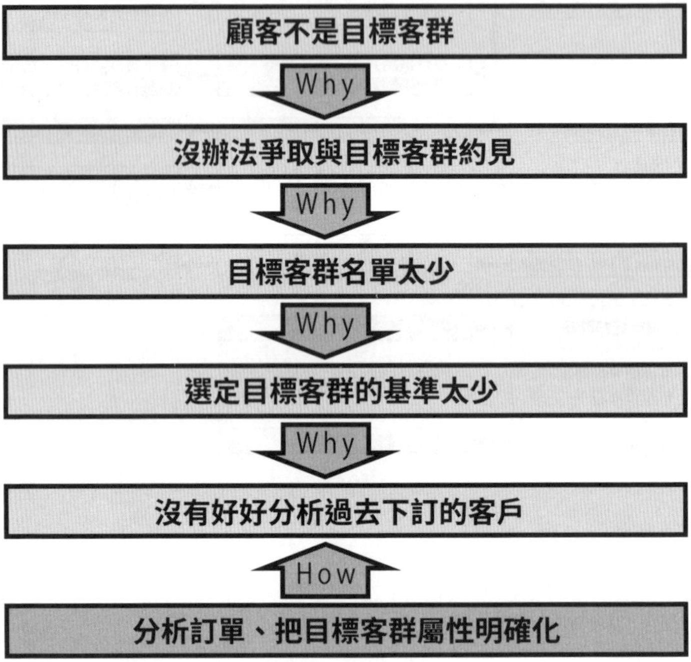
顧客不是目標客群
Why
沒辦法爭取與目標客群約見
Why
目標客群名單太少
Why
選定目標客群的基準太少
Why
沒有好好分析過去下訂的客戶
How
分析訂單、把目標客群屬性明確化

乏目標客群選定的基準」。

這樣一來，如同圖表31深究下去，就會發現「本來就不是目標客群」的解決方案在於「分析訂單、把目標客群屬性明確化」。

而所謂「把目標客群屬性明確化」，比方說透過分析過去實績，觀察到是對方員工數落在一百～三百人規模的製造業銷得最好，就以「一百～三百人規模的製造業」為目標客群等。

又或者，鎖定營業額的規模、產品種類也行。經由深究 Why，會發現解決「本來就不是目標客群」的問題的 How 並非「對顧客死纏爛打」，而是採取「把目標客群屬性明確化」的具體行動。

換言之，表面上，解決「本來就不是目標客群」的 How 是「去找目標客群」，但深究 Why 之後，就會找到「分析訂單」這個更清晰的解決方案。

接著再思考一下人力資源部門徵才的例子。

圖表 32｜進一步深究「Why」
（人力資源部門的例子）

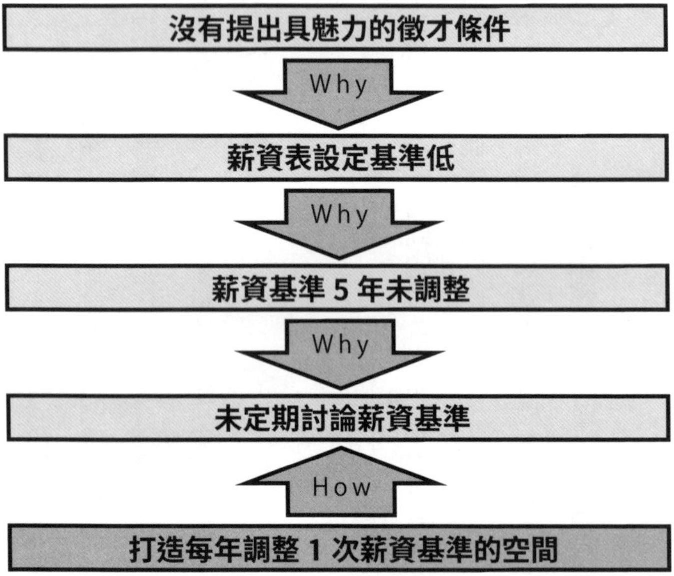
沒有提出具魅力的徵才條件
Why
薪資表設定基準低
Why
薪資基準 5 年未調整
Why
未定期討論薪資基準
How
打造每年調整 1 次薪資基準的空間

假設由「最終面試」到「承諾入職」的轉換率低，亦即瓶頸發生在這個流程。

深究「Why」後，發現問題在於「沒有提出具魅力的徵才條件」和「雖然提出了具魅力的徵才條件但未有效鞏固魅力」這兩個原因。

其中，深究「沒有提出具魅力的徵才條件」的「Why」，發現問題可能出在「薪資表設定基準低」。

再深究下去，追出問題在於「未定期討論薪資基準」。最後，就如同圖表32，發現「How」是「打造每年調整一次薪資基準的空間」。

總而言之，深究「Why」，自然會掌握到「How」。

不過，由於會因為「Why」的深究方法不同而找到數個解決方案。

下面會說明此時該如何決定執行的優先順序。

以「效果」和「可行性」排出解決方案的優先順序

前面已經學到了找出「行動質」的瓶頸並活用MECE等資料分析的手法，結構性地去探究原因的方法。

而且，不一定問一次「Why」就能找到原因，所以要深入去問「Why」，找到原因後，就制定作為「How」的解決方案。

問題是，**有數個原因的話**，**就會有數個解決方案**。

那麼，當有數個原因時，要如何決定解決方案執行的優先順序呢？

就是透過「效果（Impact）」的強弱和「可行性（Feasibility）」的高低

來排出優先順序。

「速效」且「有效」的解決方案優先

如同前述，有數個瓶頸解決方案時，要決定執行的優先順序。

理由在於，要同時執行數個解決方案，在資源分配上往往很困難，且同時執行後，無法判斷是哪一個方案奏效。

而排出優先順序的基準，就是剛剛提到的「效果」和「可行性」評估。

首先以「效果」強弱來決定優先順序。

理由是，在眾多解決方案中，如果一個方案就能解決，代表它最速效、有效。

所以，比起去嘗試不知道是否有效、何時見效的解決方案，應該讓最速效、有效的優先。

不過，假如最速效、有效的解決方案很難做到，就失去優先的意義，因此要從第二點「可行性」來調整優先順序。

例如：執行該解決方案需要鉅額經費，取得與經費相應的效果需時甚鉅；或者，執行的手續太過繁雜不夠資源，以致不知道實際上何時能夠著手。

此時，如果因為著手解決方案而排擠資源，導致其他流程資源不足，就本末倒置了。

以具體的例子來思考看看。

比方說，在行銷上以爭取一百位潛在客戶為目標，假設此時有兩個做法：

第一個是翻新網站，第二個是打廣告。

首先，翻新網站雖然能夠實現，但要花一千萬日幣。

換言之，為了透過網站爭取一百位潛在客戶，要花一千萬日幣，且翻新需要花兩個月的時間。

另一方面，打廣告的話，花一百萬日幣就可以爭取到一百位潛在客戶，而且一個禮拜後就能曝光。

所以，透過網站爭取一位潛在客戶要十萬日幣，經由廣告則是一萬日幣。結論是，如果是以爭取一百位潛在客戶為目的，可判斷應該由花費低且容易執行的廣告為優先方案。

更不用說實際經費差了十倍，要翻新網站，從社內簽呈到核准需要花相當多的精力和時間。

既然這樣，是不是應該放棄翻新網站呢？也不是。

此時有兩個選項：

第一，在藉由廣告短時間內取得成果的同時，把網站的更新當作長期計畫並進。

第二，如果是無法同時分散資源，或者本期內難以獲得預算的情況，就暫時擱置。

「選項有三個以上」時做成矩陣圖

接著也思考一下業務部門的例子。

假設「磋商」的轉換率出現瓶頸，在深究「Why」後想到三個原因與各自的解決方案：

第一，搞錯了跑業務的企業：在跑業務的過程裡面包含了根本不會成為客戶的企業，由此可知，問題出在沒有設定好選擇目標客群的基準。

因此，解決方案是明確化目標客群基準。

第二，雖然跟目標客群的企業進行了「面談」，但未進入「磋商」，原因是沒有掌握顧客的需求。

在更深入探討原因後，發現問題出在沒有充分聆聽。

為此，解決方案是把聆聽項目明確化。

第三，雖然跟目標客群企業進入「磋商」階段，但簡報沒有吸引力。

這種情況的解決方案是準備具有吸引力的簡報範本。

最後就是把這三個解決方案依照「效果」的強弱與「可行性」的高低排出優先順序。

當然，排出優先順序的判斷基準會因企業、業務方針及商品內容等而不同，此處先以我自己的判斷基準來選擇優先順序。

首先，「明確化目標客群基準」會從「ＤＭ」的發送對象等上游流程開始受到影響，「效果」很強；不過，由於要從分析過去的客戶開始驗證，所以「可行性」最低。

至於「明確化聆聽項目」，主要在找出顧客的需求，也會影響簡報內容，「效果」約為中等，不過因為可立刻執行，「可行性」高。

而「準備簡報範本」，「效果」也約為中等，但因為涉及有效的簡報構成、

圖表 33｜思考優先順序的矩陣圖

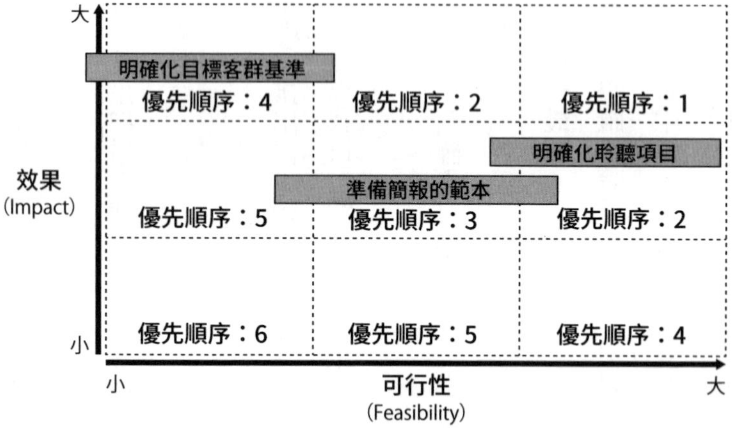

措辭、設計等工學，「可行性」為中等左右。

像這樣有三個以上的選項時，做成如圖表33的矩陣圖比較容易判斷。

以這個例子來說，「明確化聆聽項目」應該是最優先的解決方案。

如果資源還算夠，也可同時進行「準備簡報的範本」。

至於「明確化目標客群基準」則是延後或者以長期的規劃來進行。

接下來，也思考一下人力資源部門徵才的例子。

假設對於由「最終面試」進入「承諾入職」的低轉換率的問題，可以想到兩個原因和解決方案：

第一，原因可能出在「沒有提出具魅力的徵才條件」。解決方案是「調整薪資表基準」。

第二，開出徵才條件後沒有接觸，或者辦的活動沒有吸引力，此時原因可能就出在「未有效鞏固公司魅力」。解決方案是「採取具吸引力的措施」。

接著套入矩陣圖來判斷，雖然「調整薪資表基準」的效果強，但涉及市場行情調查、人才評價系統變更，以及公司內規的變動等，所以「可行性」非常低。

另一方面，「採取具吸引力的措施」的效果為中等，且主動接觸或者召開聯誼、研習會等的「可行性」可說是高。

所以，在優先順序上，能夠判斷出「採取具吸引力的措施」要優先。

「評價解決方案執行」時的注意點和「執行時的瓶頸」

需要注意的是，以上數個解決方案雖然透過「效果」的強弱和「可行性」的高低判斷出了優先順序，但由於「效果」的強弱也會影響其他流程，所以要慎重評估。

此外，「可行性」的高低會因為是自己可以去做，還是必須團隊一起執行，又或者需要其他部門或外部的合作而異，這點也要謹慎評估。

換言之，應該高度重視不要讓「可行性」因為有外在因素存在而有太高的不確定性。

同理，以人力資源部門為例，雖然決定在優先順序上把「採取具吸引力的措施」放在「調整薪資表基準」之前，但也應該考慮到事實因素。

例如，如果以往未承諾入職者中，十人裡面有七人是因為徵才條件而辭退，就應該調高「調整薪資表基準」的優先順序。

另外，在決定優先順序後開始執行時也有要注意的地方。

首先，在執行解決方案時，要善用數字決定執行的時間與程度。

並且把京瓷的創辦人稻盛和夫所說的「樂觀地構想，悲觀地計畫，樂觀地執行」作為執行解決方案時的座右銘，時時牢記於心。

尤其，當解決方案牽涉到自己以外的人，有時對方不會如自己所期待地行動，此時雖然是悲觀地計畫，但要有一旦著手，「絕對把事情搞定」的強烈企圖心。

第4章

KEYENCE 數值化的魔力「實踐」篇

到目前為止，傳授了如何把「自己的行動」視覺化，
並藉由提高「行動量」和「行動質」
最大化「工作成果」的方法。

不過，前面傳授的，
是要讓所有職種都能操作的通用性方法論。
實際上，
各位讀者應該會對於要如何應用在「自己的工作」上，
有很多困惑吧。
接下來，本章就把目前為止介紹過的方法論，
套用在具體職種上操作給大家看。
主要分為「業務、行銷、研發企劃、客戶成功、人力資源、公關、
總務會計」的實踐案例。

● 業務 ● 六個月內達成「營業額六千萬日幣」

B2B的業務部門的例子，在本文中已詳細介紹過；接下來，雖然有所重複，就當作是複習，再次說明一下。

「由接單件數依序回算」設定各KPI

首先，設定KGI為半年內達成六千萬日幣的營業額。

接著，把KGI換算成商品的銷售件數。

例如，商品的單價是兩百萬日幣的話，就是「六千萬日幣 ÷ 兩百萬日幣＝三十」，亦即要售出三十件商品。

把接單件數用以下公式呈現：

接單件數＝面談件數×磋商率×成交率（簽約率）

所謂「磋商率」，就是面談件數中進入「磋商」的比例。

所謂「成交率」，就是在磋商件數中進入「接單」的比例。

「磋商率」和「成交率」都是由過去的實績算出來的。

假設從過去的實績得知磋商率和成交率都是30％，套入公式就是：

三十件＝面談件數×30％×30％

把面談件數移動到等式左邊，就變成如下的計算：

面談件數＝三十件 ÷ 30％ ÷ 30％＝三百三十三件

換句話說，由於以半年內接單三十件為目標，所以必須達成三百三十三件面談。

以此數值作為半年內的面談件數目標值，也就是ＫＰＩ。

然後，把這個數字除以六個月，算出月ＫＰＩ。

當然，先算出每月的銷售目標件數後，再設定每月各流程的ＫＰＩ也無妨。

此時，因為半年內的銷售目標件數是三十件，除以六個月，月ＫＧＩ就是五件。

接著，由過去的實績可知，磋商率和成交率都是30％，而每月接單是五件的話，磋商的ＫＰＩ就是「五件 ÷ 30％＝十七」，也就是十七件（四捨五入）。

圖表 34｜擬訂流程目標
（業務部門的例子）

行動目標（月）　　工作日數20日

	電話	約見	面談	磋商	接單（KGI）
合計件數	630	63	57	17	5
轉換率（%）		10%	90%	30%	30%
日KPI	32	3	3	1	

然後，再繼續回算下去。

為了能夠達到十七件磋商，必須面談「十七件÷30%＝五十七」，就是五十七件。

同樣地，從過去的實績來看，由約見進入面談的轉換率是90%的話，就是「五十七件÷90%＝六十三」，也就是六十三件。

再來，如果從電話進入約見的轉換率為10%，就是「六十三件÷10%＝六百三十」，亦即六百三十件。

最後，假設工作日數設定為二十日。

就把這些數字除以每月工作日數，換算出日KPI。

就如同圖表34所呈現。

由「數字的比較」找出瓶頸

朝目標行動一個月後得出結果，和目標數字作比較找出瓶頸，做成如圖表35。

在這個例子裡，由於月接單量是三件，所以沒有達到KGI的五件。

因此，要反省問題出在哪裡。

首先，最上游流程的電話件數完全不夠。

所以下個月要重新檢視撥電話的時間分配，目標是六百三十件。

當然，這個例子只是跟目標比較，實際上也會跟前一年同月，或者跟團

圖表 35｜行動目標和行動實績的比較
（業務部門的例子）

行動目標（月）

	電話	約見	面談	磋商	接單（KGI）
合計件數	630	63	57	17	5
轉換率（%）		10%	90%	30%	29%

-25　　-18%

行動實績（月）

	電話	約見	面談	磋商	接單（KGI）
合計件數	605	61	44	12	3
轉換率（%）		10%	72%	27%	25%

隊的平均實績或同事的實績比較。

此外，由約見進入面談的轉換率，相對於目標的90%，只達成72%。

此時就要對約見進入面談的轉換率低的原因，反覆去問「Why」找出答案。

找出原因後，就制定改善方案並實行，啟動PDCA。

•行銷•六個月內達成「獲得三千件有效潛在客戶」

接下來，介紹「行銷」部門的例子吧。

由轉換率導出各流程的「行動目標」

關於行銷部門，將其流程設定為「曝光數→點擊數→CV數（轉換數）→有效潛在客戶數」來說明。

一般來說，在行銷上會活用線上或者展覽會等各種管道，此處以線上的簡單例子來說明。

圖表36｜擬訂流程目標
（行銷部門的例子）

行動目標（月）　　運作日數31日

	曝光數	點擊數	CV數	KGI＝有效潛在客戶數
合計件數	200,000	10,000	1,000	500
轉換率（%）		5%	10%	50%
日KPI	6,452	323	32	16

首先，設定半年ＫＧＩ為獲得有效潛在客戶三千件，除以六個月，則月ＫＧＩ為五百件。

然後，參照過去的實績，把由ＣＶ（conversion）數到有效潛在客戶數的轉換率設定為50％。

接著，把點擊數到ＣＶ數的轉換率設定為10％。

把依序回算出來的合計件數設定為ＫＰＩ。

最後一併把ＫＰＩ除以運作日數，連日ＫＰＩ都算出。

製成如圖表36。

就算達成目標，也要反省「改善點」

接著，如同圖表37，跟實績比較看看。

以此例來說是達標。

因此好像會認為「太好了！達標！」就結束，但其實在這樣的實績中潛藏著瓶頸。

仔細看這個例子，雖然在「行動量」上KGI和KPI都有達標，但實績上，由曝光數到點擊數的轉換率是3％，沒有達到目標的5％，所以「行動質」有改善空間。

因此要把這個部分「行動質」低的原因，透過反覆問「Why」找出答案；一旦知道原因，應該就能找到改善方案。

圖表 37｜行動目標和行動實績的比較
（行銷部門的例子）

行動目標（月）　　運作日數31日

	曝光數	點擊數	CV數	KGI＝有效潛在客戶數
合計件數	200,000	10,000	1,000	500
轉換率（%）		5%	10%	50%

行動實績（月）　　-2%

	曝光數	點擊數	CV數	KGI＝有效潛在客戶數
合計件數	300,000	10,000	1,100	550
轉換率（%）		3%	11%	50%

•研發企劃• 六個月內達成「新商品上市六件」

接著介紹推出新商品或服務等新點子的「研發企劃」部門的例子。

把流程分解成「企劃→設計→試製→決策→上市」

在研發企劃部門的例子，把KGI設定為半年內達成讓六件新商品上市。

假設把流程分解為「企劃→設計→試製→決策→上市」。

因為是半年內讓六件新商品上市，所以月KGI就是一件。

圖表38為參照過去的實績所填入的各流程轉換率。

圖表38｜擬訂流程目標
（研發企劃部門的例子）

行動目標（月）　　工作日數20日

	企劃	設計	試製	決策	KGI＝上市量
合計件數	48	5	3	2	1
轉換率（%）		10%	60%	67%	50%
日KPI	2	0	0	0	

然後，由月KGI開始，除以各流程的轉換率，回算出各流程的KPI，接著以二十個工作日計算，除以各流程的KPI，算出日KPI。

換句話說，要以一個工作日做成二件以上的企劃為目標。

「行動質」越好的時候，越為自己帶來鼓舞

圖表39是實績和目標的比較。

可以看出，雖然有達成月KGI，但企劃數未達標。

圖表 39 | 行動目標和行動實績的比較
（研發企劃部門的例子）

行動目標（月）　　工作日數20日

	企劃	設計	試製	決策	KGI＝上市量
合計件數	48	5	3	2	1
轉換率（%）		10%	60%	67%	50%

-8

行動實績（月）

	企劃	設計	試製	決策	KGI＝上市量
合計件數	40	5	3	2	1
轉換率（%）		13%	60%	67%	50%

另外，要特別留意的是，在「行動質」的部分，各流程都達標，乍看下好像沒什麼問題。

但偏偏就是這種實績潛藏著陷阱。

因為看到這種實績，很容易認為「就算行動量不夠，轉換率良好就沒問題」。

為避免落入這種陷阱，要記得從不同角度來思考。例如：若提高上游流程量（此處是指企劃量），不是能更加提高KGI（上市量）嗎？

總而言之，在遊刃有餘的情況下達標時，不是自我評價為「我是有能力的人」而停止成長，是應該朝「可以做到更好」的更高境界去努力。

客戶成功・六個月內達成「續約率90%以上」

接下來，思考一下客戶成功部門的例子。

有時候「KGI 就是轉換率」

這裡把ＫＧＩ設定為雲端服務續約率為半年內達到90%以上。

要注意的是，到目前為止的例子的ＫＧＩ都是件數（行動量），但在客戶成功部門，**續約率這個轉換率（行動質）就是ＫＧＩ**。

把流程設定為「簽約→體驗→活躍化→續約率」。

所謂體驗，是指已簽約的用戶處於能夠體驗服務的階段。

圖表40 ｜擬訂半年的流程目標
（客戶成功部門的例子）

行動目標（半年）

	簽約	體驗	活躍化	KGI＝續約率
合計件數	600	600	570	513
轉換率（%）		100%	95%	90%

而活躍化，是顯示用戶實際登入使用服務時的狀態。

接著，如同圖表40，參照過去的實績填入各流程的轉換率，回算出各流程的KPI。

圖表41是由半年的KGI和各流程的KPI換算出月KGI和各流程的KPI。

透過「比較」解決瓶頸

接著，圖表42是每月的目標和實績的比較。

這裡的瓶頸是，處於體驗狀態的只有95%。

也就是說，簽約數的KPI雖然達標，但並非所有簽約者都處於體驗狀態，因此有改善必要。

圖表 41 | 擬訂每月的流程目標
（客戶成功部門的例子）

行動目標（月）

	簽約	體驗	活躍化	KGI＝續約率
合計件數	100	100	95	85.5
轉換率（%）		100%	95%	90%

另外，相對於目標KGI的續約率為90%，實際續約率為86%，也可視為瓶頸。

換言之，實際登入使用過服務的用戶中，約有15%解約。

此處也有改善的必要。

圖表 42｜行動目標和行動實績的比較
（客戶成功部門的例子）

行動目標（月）

	簽約	體驗	活躍化	KGI＝ 續約率
合計件數	100	100	95	85.5
轉換率（%）		100%	95%	90%

行動實績（月）

	簽約	體驗	活躍化	KGI＝ 續約率
合計件數	100	95	90	77
轉換率（%）		95%	95%	86%

●人力資源● 六個月內達成「錄取三十人」

關於人力資源部門的徵才，在本書前面主要的部分中也有舉例，雖然有所重複，再次思考一下吧。

流程是「應徵↓書面審查↓第一次面試↓第二次面試↓最終面試↓承諾入職↓錄取人數」

首先，設定半年的ＫＧＩ為錄取三十人。

接著，把各流程設定為「應徵↓書面審查↓第一次面試↓第二次面試↓最終面試↓承諾入職↓錄取人數」。

圖表 43 ｜擬訂半年的流程目標
（人力資源部門的例子）

行動目標（半年）

	應徵	書面審查	第一次面試	第二次面試	最終面試	承諾入職	KGI＝錄取人數
合計件數	1,303	1,042	625	250	100	50	30
轉換率（%）		80%	60%	40%	40%	50%	60%

在圖表43填入參考過去實績的轉換率和各流程KPI。

把半年KPI分解成「月」、「日」為單位

接著，圖表44把半年的KGI和各流程的KPI換算成以月為單位並進一步換算出日件數。

圖表45則把目標和實績加以比較。

圖表 44｜擬訂每月的流程目標
（人力資源部門的例子）

行動目標（月）　　工作日數20日

	應徵	書面審查	第一次面試	第二次面試	最終面試	承諾入職	KGI＝錄取人數
合計件數	217	174	104	42	17	8	5
轉換率（%）		80%	60%	40%	40%	47%	63%
日件數	11	9	5	2	1	0	

在這個例子裡，雖然「行動量」高於目標，但在「行動質」上，「第二次面試」的轉換率和「錄取人數」的轉換率遠低於目標，可發現這些流程有問題。

圖表 45 ｜行動目標和行動實績的比較
（人力資源部門的例子）

行動目標（月）

	應徵	書面審查	第一次面試	第二次面試	最終面試	承諾入職	KGI＝錄取人數
合計件数	217	174	104	42	17	8	5
転換率（%）		80%	60%	40%	40%	47%	63%

-12%　-25%

行動實績

	應徵	書面審查	第一次面試	第二次面試	最終面試	承諾入職	KGI＝錄取人數
合計件数	300	240	144	40	16	8	3
転換率（%）		80%	60%	28%	40%	50%	38%

•公關• 六個月內達成「媒體曝光三十件」

接下來，公關部門又是如何呢？

把流程分解為「企劃→發訊→媒體曝光件數」

把公關的流程簡化，就是「企劃→發訊→媒體曝光件數」。

而KGI就假設以半年三十件媒體曝光件數為目標。

所謂的「企劃」，是選擇新聞稿的話題並撰寫內容；「發訊」就是發送新聞稿。

至於「媒體曝光件數」則是指被媒體報導的件數。

圖表46｜擬訂流程目標
（公關部門的例子）

行動目標（月）

	企劃	發訊	KGI＝媒體曝光件數
合計件數	17	8	5
轉換率（%）		47%	63%

然後，把KGI分成六個月算出月KGI，接著參照過去的實績設定各流程轉換率，再由KGI回算出各流程的KPI如同圖表46。

從「量」與「質」兩方面來找出問題

圖表47，是把行動目標和實績加以比較。

從實績來看，可以發現作為「行動量」最上游的「企劃」量不足，這就成了需要大大改善的地方。

畢竟，由於企劃量不足，就算轉換率幾乎相同，「發訊」量也不夠。

圖表 47｜行動目標和行動實績的比較
（公關部門的例子）

行動目標（月）

	企劃	發訊	KGI＝媒體曝光件數
合計件數	17	8	5
轉換率（%）		47%	63%

-5　　-13%

行動實績（月）

	企劃	發訊	KGI＝媒體曝光件數
合計件數	12	6	3
轉換率（%）		50%	50%

另外，作為「行動質」的判斷標準，由於從「發訊」到「媒體曝光件數」的轉換率低，可看出新聞稿要被媒體報導還少了點吸引力，這個部分也是要改善的地方。

●總務會計●六個月內提高「生產力1.2倍」

本章已介紹了各職種的數值化的例子。

不過，也有像總務或會計這樣，不容易以流程分解並數值化的職種。

換言之，就是工作成果無法倚賴各流程的機率來判斷的情況。

由於這些職種不容易跟業務部門一樣，對像營業額這樣的結果進行數值化，所以在KGI或KPI的設定上要研究不同的方法。

例如，在KEYENCE會要求時時做好「**時間管理**」。

所謂的「時間管理」，就是管理好預估的時間與實際執行上的落差。

為此，員工有義務提出記錄每週預估時間及實際狀況的週報。

其中當然也會有要處理瑣碎事務的時候，但對於應該重點處理的高附加價值工作，要時時檢視是否依照計畫使用時間。

比方說，像總務部門這些後勤職種，假設每週一的上午九點到十一點都要進行同樣的作業，如果在十點三十分處理完，就可以評價為生產力提高了。

換句話說，假如一日的工作時間是八小時，目標就是讓這八小時盡可能成為具有高附加價值的時間。

另外，如果是會計部門，為了撙節開支，可考慮以重新審視購買公司所需備用品的下訂廠商或者調整基本的訂購單位量，把能削減的數值以ＫＰＩ呈現等做法。

再者，以品管部門來說，可考慮設定每小時能檢測品質的量作為ＫＰＩ，以謀求品管的效率化，或者也可設定瑕疵品率的ＫＰＩ來減少瑕疵品，並向製造部門提出容易產生瑕疵品的工序的改善指導建議等做法。

總之，縱使同樣是數值化，會視不同職種而必須採取與工作內容的流程分解不同的方法。

所以才會變成把ＫＧＩ或ＫＰＩ設定為生產力提高1.2倍這樣的做法。

而且，這些職種要提高附加價值的基本觀念是「**以最小的 Input 獲得最大 Output**」（圖表48）。

基此，如果是同樣 Output 量，就減少 Input 量；如果是同樣 Input 量，就增加 Output 量；又或者邊減少 Input 量，邊增加 Output 量；有這三種可能的思考方式。

簡言之，**就是以最少的精力獲取最高的成果**；為了做到這點，必須掌握完成某種工作，自己要花多少比例的工作時間。

由於「以最小資本和人力達到最大經濟效果（附加價值）」也是 KEYENCE 的經營理念。

因此，KEYENCE 會以週報等方式來檢視「時間管理」。

尤其是例行性工作，要時常驗證是否能縮短所需時間。

圖表 48 ｜何謂 Value（價值）？

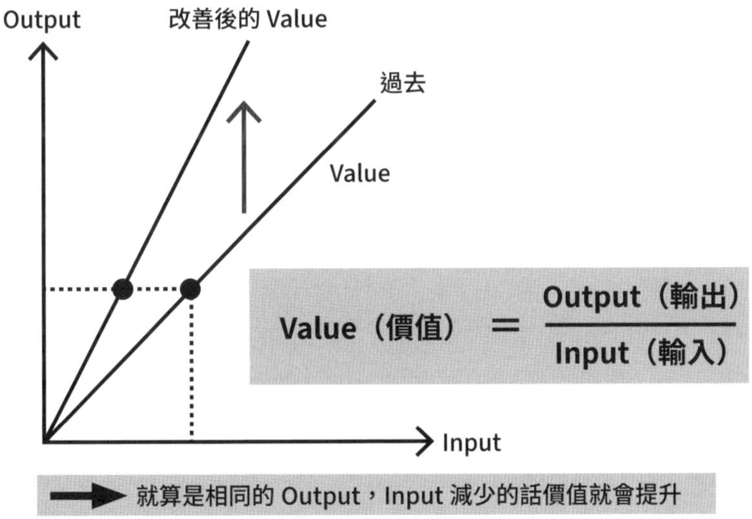

具體而言，執行總務或會計等後勤部門的數值化，要實踐以下三個STEP。

STEP 1 ● 視覺化

STEP 1掌握現狀。

例如，每週記錄何種工作要投入多少時間，經由數值化加以視覺化。

比方說，掌握一週的總工作時間是一日八小時×5（日）＝四十小時，而A工作花了十五小時，也就是占了37.5％。

然後同樣地，把B工作花了十小時（25％），C工作花了八小時（20％）等加以數值化。

STEP 2 ● 掌握重要度

接著，用在第二章登場的時間管理「4D」矩陣圖（圖表18），確認各工作分別位於哪個象限。

然後，為了把資源投入「重要且緊急的工作」以及「不緊急但重要的工作」，考慮是否把「不重要但緊急的工作」交給他人或外包。並視情況考慮把「不重要也不緊急的工作」果斷地中止。

STEP 3 ● 擬訂戰略並實施

在這個STEP，假設已由總工作時間中視覺化各工作所需時間，並確認了工作的優先順序。

接著擬訂為了提升工作全體的附加價值，思考「要集中資源在哪個工作？哪個工作可以交給他人或外包？哪個工作要視情況中止？」的戰略。

在擬訂提高業務全體附加價值的戰略後，接著就是執行並再次記錄，亦即啟動ＰＤＣＡ。

這樣一來，就算是乍看之下不容易數值化的職種，也能經由改變數值化的方式提高附加價值。

終 章

在團隊發揮「KEYENCE數值化的魔力」

本書是為了讓「第一線員工在工作上產出成果的數值化之書」，
實踐了前面各章所介紹的方法，
應該就能複製成功經驗，進而產出工作成果，
成為「超級上班族」。

要告訴各位讀者的是，其實「KEYENCE 數值化」
在管理上也能活用，
也就是把「團隊行動」視覺化、
最大化「團隊行動量」和「團隊行動質」；
第一線員工能有成果，
經理人同樣也能「複製成功經驗產出成果」。
本章就以介紹管理上的數值化方法，
作為本書的總結。

在管理上也適用的「KEYENCE 數值化」

KEYENCE 在管理上也大大活用數值化。

為了進一步說明，接下來會解說經理人為了追求組織成果的最大化，如何活用數值化的觀念及其 Know-How。

KEYENCE 在「管理」上也徹底數值化

到目前為止都在說明第一線員工的數值化，而事實上，團隊的數值化觀念基本上也是一樣的。

在KEYENCE，作為一種「企圖心」，有把為了達成半年的目標應該踐行何種流程每月加以監看的文化。

甚至有比起個人單位，更重視團體單位監看的印象。

且KEYENCE的團體單位，有事業部全體，有事業所，或者部門，這樣地層級化。

可謂多重化地實施各單位的數值化管理。

實際上，我自己在KEYENCE擔任經理人時，在團隊管理上就非常倚賴數值化。

因為，沒有數值化就無法判斷團隊狀態的好壞。

舉例來說，光看接單件數，如果沒有從目標回算出的數值為基準，就無法理解該數值所代表的涵義。

縱使接單件數比去年有所增長，但低於設定目標的話，就很難說是良好的狀態。

何況，在沒有數值的前提下，就算對成員盲目地要求「去增加接單件數！」大家也不知道要如何努力。

總之，只會發號施令，不能說是管理。

所以，**一如本書所述，在檢視由ＫＧＩ回算出的各流程的ＫＰＩ是否達成上，團隊有必要進行跟個人的第一線員工同樣的數值化思考。**

只不過，單位變成團隊時有一些需加留意的地方，後面會加以說明。

為什麼管理也應該導入「KEYENCE數值化」？

接著來說明一下，究竟為何在管理上也應該要導入「KEYENCE數值化」。

一言以蔽之，就是「避免溫水煮青蛙」。

管理上最危險的，就是「沒察覺到變化」。

常發生憑感覺掌握團隊的運作，覺得「大致上還算順利」……實際上卻沒有任何成果的狀況。

這種只以印象來掌握團隊狀態的經理人，可說是失職的。

事實上，就連 KEYENCE 也有回顧會議，而在業績差的團隊中，經常受到關注的就是：「是什麼時候察覺到那個變化的呢？」

說穿了，就是經理人一定要在數值上掌握是否達成把 KGI 以各流程為單位回算出的 KPI。

並且不每半年、每月、每日檢視的話，應該就無法掌握必須在哪個時機處理哪個流程等對策。

結果就是，沒有掌握這些數值的經理人，由於無法對成員作出具體指導，只能以「再加油一點！」來喊話。

如此自然無法提高團隊的生產力和成員的鬥志。

相反地，如果經理人能每日掌握各流程的數值是否達成ＫＰＩ，就能具體地掌握應有的理想狀態，對部下作出具體改善方案的指示。

這麼做的好處是，由於部下也能明確地理解自己應該做些什麼，就會信賴經理人的指示進而採取行動。

並且會因為有實際成果，而讓團隊全體的鬥志維持在高昂狀態。

以上就是團隊應該導入「KEYENCE 數值化」的理由。

透過數值讓「管理視覺化」

KEYENCE 為了對團隊進行數值化管理，從檢視各成員所提出的數字合計做起。

假如全體數字未達 KGI，就去檢視各流程的數字；發現各流程數字未達 KPI，就再去檢視流程中各成員的數字。

如此一來，就能找出在該流程中是哪個成員做不出成果。

這麼做的一大好處是，把團隊的狀態分解到能以各成員的流程為單位加以檢視的透明度。

而沒有把數值透明化的經理人（在中小企業有時就是經營者自己），到月底才發現業績差時，就會產生「為何數字差這麼多！」的情緒化反應。

其實，如果能透過數值化確保管理的透明度，就可以在問題發生的當下指示改善方案，不會到了月底才自亂陣腳。

因此，團隊的數值化，無論對成員或經理人來說都是能維持相互間無壓力關係的做法。

換言之，經理人每日追蹤團隊全體以流程為單位的數字，就是追蹤團隊全體的行動結果，而找出有問題的流程並檢視以成員為單位的數字，就能追蹤各成員的行動結果。

因為，只有行動才會有工作結果，而把結果以數字加以分解，就能掌握應該改善的行動。

這才是 KEYENCE 所說的管理。

經理人盲目地激勵成員不能說是一種管理。

「一般的管理數值化」和「KEYENCE 數值化」有何不同？

我有時候會聽到經營者或經理級的人說：「不不不，我們也是有做數值化的喔！」

但接著又會說：「雖然有數值化，但不知為何，做不出成果呢！」在我試著進一步詳細追問後，發現他們的數值化跟 KEYENCE 數值化，有相當大的不同。

哪裡不同呢？

首先，是「**目標精確度**」不同。

在 KEYENCE，是由總公司設定目標，並將目標的實現可能性設定為±3%的誤差範圍。

因為，在毫無根據的情況下，一下子就設定精確度低的高目標，一旦無法達成，就會自我安慰「沒關係，反正是目標嘛！」最後就沒有改善行動的動機。

以 KEYENCE 為例，目標是接單件數的話，會把季節性或決算期等相關因素都考慮進去，訂下精確度非常高的目標。

因此，會有不容有些微無法達標的可能性的嚴格度。

另一個不同是，「**是否徹底研究數值化後所呈現數值變化發生的原因**」。

由於 KEYENCE 數值化會去追蹤各流程的數字，所以能掌握行動和結果的因果關係。

而那些執行了數值化卻做不出成果的企業，雖然有數值化，但做法粗糙，根本沒辦法追蹤行動和結果的因果關係。

因此在無法產出成果時，沒辦法掌握原因是否出在約見量或磋商率低這些具體的原因上。

變成「打高空」的模糊感覺，只能空洞地以「努力不夠」為藉口。

而 KEYENCE 的做法，是在顧客規模的差異上研究原因，並且對有客人主動查詢跟沒有客人主動查詢的東西，在成果上有何差異等都試圖去瞭解。

換言之，KEYENCE 數值化是把流程分解到能追蹤行動和結果的因果關係的程度。

由以上可知，執行了數值化卻做不出成果的企業或組織有兩種類型。

一種是雖然設定了 KGI 但沒有分解流程，沒有做到按月、週、日即時追蹤。

這種類型，無論再怎麼設定ＫＧＩ，因為無法即時掌握該行動卻沒有行動的流程，因此看不出行動和結果的因果關係為何，不知道要如何改善。

另一種是雖然有分解流程並數值化，也有跟上個月或去年同月等比較，卻只是被表面上的數字結果動搖心情。

這種類型，雖然特意花了工夫以數字來確認結果，但沒有深究因果關係和問題。

也因此，當沒有達標時，經理人把不滿發洩在成員身上後就了事，問題的探討反而不受到重視。

結果，明明執行了數值化，卻因為沒有做ＰＤＣＡ，以致完全沒有進步。

例如，對於營業額沒有達標，就算抓出「因為面談量不足」，也止於「既然這樣就增加面談！」這種精神力論。

其實，此時應該去研究為何面談量不足。

看是因為爭取約見的方法不好？電話打得不夠勤？又或者，根本搞錯了目標客群？還是使用交通工具的效率差？如果深究原因，就能不靠精神力論合理地改善問題。

總之，這些雖然執行了數值化但做不出成果的企業或組織，問題出在少了去改善透過數值化所浮現出來的問題這個重要動作。

在團隊實踐「KEYENCE數值化」

前面提到過，KEYENCE就連在管理上也徹底做到數值化。

而且管理上最危險的就是沒有感知到變化；正因為要避免這個問題，必須透過數值化確保管理的透明度。

此外，我們也瞭解到，已經做到數值化，卻做不出成果的企業或組織，有數值化精度不夠，以及沒有徹底探討數值化後所呈現的數值變化的原因的問題。

那麼，要如何做到有成果的數值化呢？下面就來看看團隊實踐KEYENCE的數值化的順序吧。

在管理上實踐「KEYENCE數值化」的三個STEP

各位應該還記得，個人在實踐數值化時大致分為三個STEP。

如同第一章到第三章的說明，就是透過「行動視覺化」找出「行動量的瓶頸」，然後鎖定「行動質的瓶頸」這三個STEP。

在管理上實踐數值化的做法大致相同。

跟個人數值化最大的差異在於要追蹤團隊全體每日的變化。

如圖表49的折線圖所示。

這些折線圖是為了監看面談、磋商以及接單件數等而加以視覺化。

在個人執行數值化時，只是把每日的紀錄記載在個人筆記本，或者輸入自己電腦中的試算表檔案內也可以。

圖表 49 ｜團隊全體的折線圖

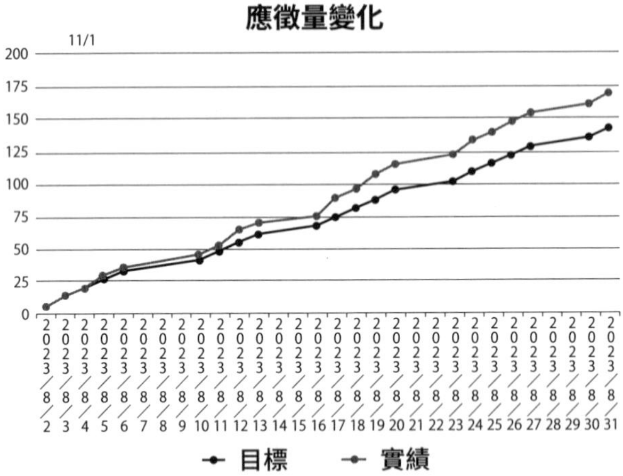

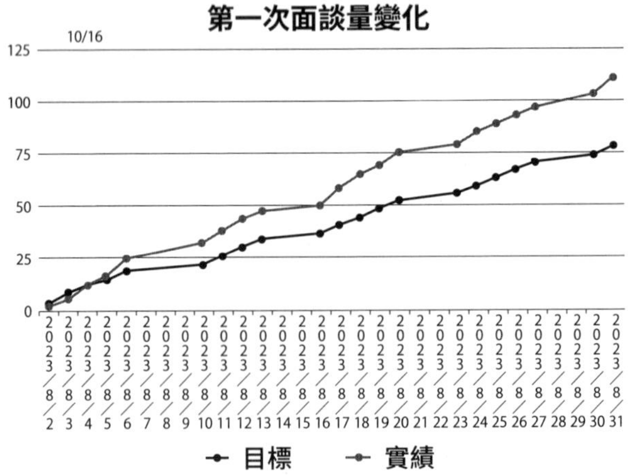

但在管理團隊時，有必要即時地把成員的合計值的進度視覺化，並加以監看。

如果發現沒有按計畫達成的數值時要立刻改善。總之，先從量面來檢視並改善，接著才是質面。

而為了執行這個動作，要導入合計團隊內的數字並視覺化的工具；比方從試算表檔案的共享開始也可以，若能導入CRM，就可更加有效率地視覺化。

工具準備好之後，在做法上，為了檢視團隊合計數字，要設定團隊KGI和各流程的KPI。

這是STEP 1。

亦即，要判斷團隊合計數字的良窳，需設定作為目標的團隊KGI和各流程的KPI，從中算出各成員應該達成的目標KGI和KPI。

此外，在STEP 2，跟個人的數值化相同，要找出團隊「行動量」的瓶頸。

亦即檢視實績與KPI間有無落差，或者相較於過去的實績，是否有退步。

最後，在STEP 3找出團隊「行動質」的瓶頸；做法也跟個人數值化相同，要注意轉換率，看是否與KPI間有落差，或者與過去的實績比較。

由於管理上的數值化是把個人數值化的手法運用在檢視團隊全體的數字上，所以已經讀過第一章到第三章的各位應該很容易理解。

接下來，就以具體的數字為例來看各STEP吧。

STEP 1 ● 把「團隊行動」視覺化

在STEP 1設定團隊全體的KGI和KPI。

圖表50｜團隊的月流程目標
（業務部門的例子）

團隊目標＝3,000萬日幣/月　產品的單位＝100萬日幣

	DM	電話	約見	面談	磋商	KGI＝接單件數
合計件數	2,000	2,000	100	100	30	10

一般來說，團隊全體的KGI是把以經營戰略為基礎所設定的公司全體目標數值分配給各團隊。

所以，假如公司沒有分配目標，經理人有必要自行設定團隊全體的KGI和KPI。

做法是，從本期的營業額目標和過去的團隊實績，計算出本期自己的團隊應該達成的數值，換算成月KGI。

如果是業務部門，就如同圖表50。

如果是人力資源部門，就如同圖表51。

接著，雖然是把團隊的KGI和KPI分配給成員，但未必是單純地除以成員數。

圖表 51｜團隊的月流程目標
（人力資源部門的例子）

	應徵	書面審查	第一次面試	第二次面試	最終面試	承諾入職	KGI＝錄取人數
人數	600	425	170	52	26	13	10

舉例來說，如果是業務部門，就要考量成員所負責的顧客的行業、規模及地區按實際能接到的接單件數來分配。

這裡要由經理人判斷調整。

因此，在分配KGI和KPI給各成員時，是以成員現在的工作內容和過去的實績為基礎去考量各自所能分擔的KGI和KPI。

經此設定的團隊的KGI和KPI，就是團隊的行動目標。

而且，經理人對於這個目標的達成度要每日加以視覺化監看。

這也是為何必須讓所有成員共享每日行動結果紀錄的原因。

不過，此處會遇到第一個阻礙：

不容易讓全體成員乖乖把每日行動狀況輸入系統。

因為，有成員會以很忙為藉口而不輸入，也會有成員雖然已個別地記錄在自己的筆記本上，但抱著找一天一併輸入到系統就好的心態。

為了避免這種狀況，就只有把輸入每日行動紀錄架構化，讓它成為團隊的文化使之常態化。

例如，KEYENCE業務部門採取的架構是，在早會時要大家輸入當日的行動目標，在下班前進行每日總結時也要回顧並輸入行動結果。

STEP 2 ● 找出團隊的「行動量」的瓶頸

在STEP 1設定了團隊的月行動目標後，接下來為了監看每日狀況，要設定日行動目標，亦即算出日KPI。

然後透過把日KPI和團隊的實際行動結果相比較，找出團隊的「行動量」的瓶頸。

而要從月KGI與月KPI算出日KGI與日KPI，只要除以工作日數就可以。

圖表52就是把STEP 1所設定的月行動目標除以工作日數，算出日KPI。

接著，為了跟日KPI比較，要記錄團隊的每日實績。

用處在於，如同圖表53這樣記錄實績時，假如發現十月二日的「DM」和「電話」都是九十件，低於KPI的一百件，就要注意發生了什麼問題。

比方說，由於這日「約見」和「面談」都沒有達到KPI，問題可能就出在前階段的「DM」和「電話」量不足。

圖表52｜團隊的日流程目標
（業務部門的例子）

團隊目標＝3,000萬日幣／月　工作日數＝20日

	DM	電話	約見	面談	磋商	KGI＝接單件數
月KPI	2,000	2,000	100	100	30	10
日KPI	100	100	5	5	1.5	0.5

圖表53｜團隊的日實績
（業務部門的例子）

團隊目標＝3,000萬日幣／月　工作日數＝20日

	DM	電話	約見	面談	磋商	KGI＝接單件數
月KPI	2,000	2,000	100	100	30	10
日KPI	100	100	5	5	1.5	0.5
10月1日	100	100	3	4	1	
10月2日	90	90	3	4	1	
10月3日	110	110	2	4	1	

各位想起漏斗原理的話，這就是所謂要優先從上游的「行動量」來處理的意思。

尤其是在團隊的情況下，增加「ＤＭ」和「電話」並不困難。

況且實際上，前一天和後一天都有達到ＫＰＩ，所以行動上應該不難。

此外，「約見」或「面談」都牽涉到對象的反應，會有不確定性，就這點而言，自己則是可以用盡方法在上游努力增加「ＤＭ」和「電話」量。

在人力資源部門方面，同樣地，試著由在ＳＴＥＰ１所設定的人力資源月行動目標，如同圖表54算出日行動目標。

然後，也一樣把團隊的日實績如同圖表55記錄下來。

跟業務部門的做法相同，把ＫＰＩ跟實績作比較。

發現十月一日和十月三日的「應徵」和「書面審查」都沒有達到ＫＰＩ。

圖表 54 ｜團隊的日流程目標

（人力資源部門的例子）

	應徵	書面審查	第一次面試	第二次面試	最終面試	承諾入職	KGI＝錄取人數
月KPI	600	425	170	52	26	13	10
日KPI	30	21.25	8.5	2.6	1.3	0.65	0.5

圖表 55 ｜團隊的日實績

（人力資源部門的例子）

	應徵	書面審查	第一次面試	第二次面試	最終面試	承諾入職	KGI＝錄取人數
月KPI	600	425	170	52	26	13	10
日KPI	30	21.25	8.5	2.6	1.3	0.65	0.5
10月1日	25	20	7	2	1	0	
10月2日	30	20	6	1	0	0	
10月3日	20	8	4	1	1	1	

要特別說明的是，人力資源部門的「應徵」和「書面審查」，相對於業務部門的「DM」和「電話」不確定性比較高。

原因在於，剛剛也提到過的，業務部門容易透過自己的努力增加「DM」和「電話」量，但人力資源部門的「應徵」和「書面審查」牽涉到對象的反應，所以不確定性高。

因此，為了增加人力資源部門的「應徵」和「書面審查」，有必要重新檢視媒介使用的適當性。

例如，如果經由仲介公司應徵的比例較求職網站高，增加仲介公司的量也許就能增加「應徵」和「書面審查」的量。

總之，對於增加「行動量」要採取什麼措施，要按職種和部門彈性思考。

只不過，由於漏斗原理是不分職種、部門一體適用，所以理論上都要從上游改善起。

STEP 3 ● 找出團隊的「行動質」的瓶頸

在STEP 3，要找出團隊的「行動質」的瓶頸，就要檢視轉換率。

在團隊全體的轉換率中，確認了有問題的流程後，接著檢視各成員的轉換率。

在圖表56，追加了假如達成KPI時的目標轉換率和到今天為止的轉換率。

並把到今天為止的轉換率和目標轉換率加以比較，發現「約見」和「磋商」的轉換率低。

因此，最先要思考為何「約見」的轉換率比目標轉換率低。

圖表 56｜追加到今天為止的數字的圖表

	DM	電話	約見	面談	磋商	KGI＝接單件數
月KPI	2,000	2,000	100	100	30	10
目標轉換率		100%	5%	100%	30%	33%
日KPI	100	100	5	5	1.5	0.5
10月1日	100	100	3	4	1	
10月2日	90	90	3	4	1	
10月3日	110	110	2	4	1	
到今天為止的合計	300	300	8	12	3	
到今天為止的轉換率		100%	3%	150%	25%	

此時，把視線轉到上游的「DM」和「電話」量，發現三天合計三百件，有達到日KPI。

換言之，可以判斷出不是上游的「行動量」有問題，問題可能出在爭取「約見」的方法上。

一切有了眉目後，就找到了「Where」。

接著就是要深究「Why」，而到了這個階段，就去檢視各成員的「約見」轉換率。

假設成員是三個人，發現他們的「約見」轉換率分別是6%、3%和1%。

這樣一來，就要調查那位成員的「約見」轉換率，為何低到只有1%這麼突兀。

假如發現原因在於他爭取「約見」時，沒有遵守溝通腳本，就有必要指導其遵守。

也就是說，改善方案就是對於轉換率低的成員進行爭取「約見」方法的再培訓。

另外，如果知道「約見」的轉換率出現不規則分布的理由是因為各成員負責的企業規模不同，應對方法也要跟著改變。

例如，發現轉換率6％的成員負責的企業是小規模，3％的是中規模，1％的是大規模的話，就能預想：若把資源集中在轉換率高的小規模企業上，就能提高團隊全體的轉換率。

因此，改善方案就是把負責大規模企業的轉換率1％的成員和負責中規模企業的3％轉換率的成員，都調去負責小規模企業。

要提醒的是，問題出在「行動質」時，原因未必永遠相同。

按情況，也可能有數個原因。

以這個例子來說，「約見」轉換率低，就是除了該成員未遵守溝通腳本外，也可能包括他負責的企業規模太大。

所以，在找出團隊「行動質」的問題原因上要很小心，單純認定轉換率低的成員是因為技巧差或努力不夠是很危險的。

是故，我們可以說「行動質」的改善比「行動量」的改善細膩，而會說經理人的工作或者經營戰略的規劃就是資源分配的理由也在於此。

業務部門自然也不例外，要找出轉換率低的原因，還會有其他切入點。

例如，「約見」的對象會因為是我們主動出擊而來，還是對方自己上門，在轉換率上有很大的差別。

在KEYENCE，把這個用「動機與規模」來加以區別。

總之，如上所述，請留意在找出團隊「行動質」問題的原因上，會有好幾個切入點。

注意「資源分配」

經由團隊數值化後發現問題時的改善技巧，首重檢視資源分配。

因為資源的再分配能夠立刻執行。

比方說，若是要重新檢視應該接觸的顧客規模等問題，隔天就可以行動。

但若問題出在成員個人的技巧，就需要花時間透過培訓來改善。

因為要讓該成員接受研習，或向技巧好的人學習。

因此，在團隊數值化後發現問題時，首先要檢視是否資源分配沒有問題，研究是否能透過資源再分配來解決。

假如這樣還是不能解決，再檢視成員的技巧是否有問題，必要時就實施再培訓。

亦即，先檢視能立即產生效果的資源再分配。不行的話，才考慮需要花時間的再培訓。以這樣的順序來進行，就能期待團隊的生產力快速地提高。

要注意的是，不同於團隊，個人透過數值化解決問題時，就不一定要優先研究資源的再分配。

因為個人很多時候無法獨自檢視，是否資源分配出了問題。例如，當那個人一直都只負責大規模企業時，就沒辦法察覺「約見」的轉換率會隨企業的規模而異。

這可說是個人數值化本質上的限制。

相對地，把團隊全體數值化後，若有能俯瞰數值並加以分析的經理人，就能進行成員間的比較，進而發現個人所無法察覺的資源分配問題，這就是執行團隊數值化的強大之處。

另一個在團隊數值化上要留意的是，雖然資源的分配要優先檢視，但不表示絕對要進行再分配。

經過一番考慮後，判斷這次不必再分配也是有可能的。

相對而言，就算成員的再培訓經過研究後不是優先項目，如有必要，也不能拖延，不能不處理。

例如：就算是發現因為某個成員非常不善於講電話，以致本應爭取到的約見都爭取不到，拉低了全體的轉換率的情況，也不能跟他說：「你不用講電話沒關係。」

畢竟，以這樣的方式指導，永遠無法達成與成員人數相應的轉換率；一旦不會的人不做也行，團隊全體的士氣就會下滑。

因此，這時候一定要透過再培訓提升戰力。

問題不是由個人的技巧或資源，而是以「架構」來改善

在STEP 3以業務部門為例，說明了找出「行動質」的瓶頸並加以改善的方法。

思考了以資源再分配的方式，改善經由檢視轉換率所找到的瓶頸的例子。並且得出，在經由團隊數值化後找出問題時，改善訣竅是以檢視資源分配為最優先，之後才是檢視成員培訓的結論。

不過，假如這樣就解說完畢，在打算改善「行動質」時，讀者可能會淨是在資源分配和成員再培訓上找原因。

但事實上，如同之前所說，「行動質」的改善比「行動量」細膩。因為問題出在「行動質」時，可能有各種原因。

為此，我們再思考一個以「架構」來改善「行動質」的例子。

此處以人力資源部門的徵才為例。

圖表57，是把在STEP 2記錄了錄取人才的實績表上追加了「目標轉換率」和「到今天為止的轉換率」。

把視線轉向「到今天為止的轉換率」的上游流程，會發現「書面審查」的轉換率是64％，與「目標轉換率」的71％有很大差距。

由此能夠判斷從「應徵」到「書面審查」的階段出了問題。

也就是說，很多應徵者沒能進入書面審查的階段。

此時，分析轉換率低的原因，方法之一就是去確認「應徵」是經由仲介公司還是求職網站，以媒介別來檢視轉換率。

如果經由仲介公司應徵的人進入「書面審查」的轉換率高，而經由求職網站應徵的人進入「書面審查」的轉換率低，則增加經由仲介公司的應徵者，問題就可能獲得改善。

換句話說，就是資源再分配。

圖表57｜追加「目標轉換率」和「到今天為止的轉換率」的圖表
（人力資源部門的例子）

	應徵	書面審查	第一次面試	第二次面試	最終面試	承諾入職	KGI＝錄取人數
月KPI	600	425	170	52	26	13	10
目標轉換率		71%	40%	31%	50%	50%	77%
日KPI	30	21.25	8.5	2.6	1.3	0.65	0.5
10月1日	25	20	7	2	1	0	
10月2日	30	20	6	1	0	0	
10月3日	20	8	4	1	1	1	
到今天為止的合計	75	48	17	4	2	1	
到今天為止的轉換率		64%	35%	24%	50%	50%	

不過，仔細想想，也會產生「對經由求職網站的應徵者不管怎樣也都先讓他們進入書面審查不就好了嗎？」的疑問。

為此，實際去確認為何經由求職網站的應徵者沒有進入書面審查階段，會發現經由求職網站而來的應徵者中，不符所期望的徵人條件的應徵者很多，所以沒能進入書面審查階段。

這樣的話，就要思考是否本來就沒有選擇好符合條件的應徵者會聚集的媒介？或者求職網站所刊登的徵人條件內容不周？

也就是說，從「應徵」到「書面審查」的轉換率低的原因，不在承辦的人資人員的技巧或資源分配的問題，而是應徵「架構」出了問題。

此外，還有另一個可能性，就是在檢視每個人資人員的「書面審查」的轉換率後，發現四人中，有兩人的「書面審查」的轉換率極端地低。

這種情況，是這兩人的審查技巧明顯不足嗎？

問題是，在徵才上很難認為有技巧的問題。

也就是說，可能是這兩人的審查基準太嚴格。

因此，問題不是出在個人的技巧，而可能是出在模糊的審查基準上。

導致在判斷怎麼樣的應徵者可以進入書面審查的條件上，產生因人而異的解釋。

此時，要重新檢視審查條件，讓規定更明確，做到無論由誰來審查，同樣能力的人才都能進入書面審查。

所以，這裡也是「架構」有問題。

技巧問題的背後所潛藏的「架構問題」

此處請再次回想一下STEP 3。

在STEP 3，為了改善由「電話」進入「約見」轉換率低的團隊的「行動質」，一開始是判斷轉換率特別低的成員溝通腳本有問題，需要再培訓。

換句話說，研判團隊「行動質」下降的原因在於成員個人的技巧問題。

不過，在前項中，我們知道了在團隊「行動質」低落的原因中，潛藏著「架構」的問題。

因此，我們再重新想想STEP 3假設成員在溝通腳本的學習上有問題的這個結論。

結果，發現實際上是「架構」有問題的兩個可能性就會浮現。

首先，既然有無法好好學習溝通腳本的成員存在，就要思考是否研習或培訓的「架構」有問題的可能性。

若問題出在研習或培訓的「架構」而不改善，以後增加或者更換成員時，就可能有一定人數的成員因為無法學好溝通腳本而拉低由「電話」進入「約見」的轉換率。

再來，「溝通腳本」是否存在有因為使用者個人的判斷和技巧導致改變了解釋的模糊空間，這也是手冊不周的「架構」問題。

前面提過，在驗證團隊「行動質」出問題的原因時，首要檢視資源分配是否妥適，其次才檢視成員的技巧問題，以這樣的優先順序最為有效。

不過，當研判問題可能出在成員的技巧上，就有必要進一步檢視技巧落差的原因是否出在研習、培訓或者手冊等「架構」的問題上。

而能夠驗證這些資源分配、成員技巧或架構不周的，就非能俯視團隊全體的經理人莫屬了。

常有人說「KEYENCE以架構見長」，是因為KEYENCE透過數值化，連「架構」都得到改善之故。

換言之，數值化不是只活用在一時地改善經由數值化所暴露出來的問題，是連架構都得以改善。

這才是團隊數值化所追求的目標。

總而言之，不是去責怪人，而是去改善架構，讓事情獲得根本解決並讓成功具可複製性。

結語

先感謝各位讀到最後。

歸根究柢，我認為很多人是因為沒有明確掌握每日的工作成果和自己的行動的因果關係，以致於悶悶不樂地埋怨「付出與成果不成比例」、「就算叫我加油，也不知道從何加油起」……

而讀過本書的讀者，則已經能夠理解透過把工作分解成各流程並加以數值化，就能明確化各流程中的「行動量」和「行動質」，然後，經此數值化，就開始能明確掌握「努力的目標與方法」。

換言之，就是能清楚地掌握有效率且有效果的對策。

而在知道有效率且有效果的對策後，改善工作這件事就有趣多了，同時也是運用PDCA的趣味所在。

否則就會動輒覺得工作這件事就是每日重複的單純例行公事，失去了樂趣，甚至為掌握不到努力方法缺乏成果而感到痛苦，只剩被迫像無頭蒼蠅般努力下的疲憊。

一旦掌握了努力方法，並且能產出成果，過去認為是無趣的例行公事，就變成值得花心思的有趣工作。

本書如果能提供讓更多企業戰士重新發現工作樂趣的機會，並且對推動活潑正向的職場或公司氛圍有所貢獻，對身為作者的我來說是最高興的事了。

現在的我，在 ASUENE 股份有限公司這個氣候科技新創產業，用同樣的數值化方式工作著，同時也熱烈招募夥伴中，請務必來應徵。

岩田圭弘

國家圖書館出版品預行編目資料

20倍高效工作法：只花1年時間，就達到別人10年的成長！ / 岩田圭弘著；陳尹暐譯 . -- 初版. -- 臺北市：平安文化有限公司, 2025.6
面； 公分. -- (平安叢書；第848種)(邁向成功；106)
譯自：数値化の魔力 "最強企業"で学んだ「仕事ができる人」になる自己成長メソッド

ISBN 978-626-7650-45-5 (平裝)

1.CST: 工作效率 2.CST: 目標管理 3.CST: 職場成功法

494.01 114005923

平安叢書第848種

邁向成功 106

20倍高效工作法

只花1年時間，就達到別人10年的成長！

数値化の魔力 〞最強企業〞で学んだ「仕事ができる人」になる自己成長メソッド

作　　者—岩田圭弘
譯　　者—陳尹暐
發 行 人—平　雲
出版發行—平安文化有限公司
臺北市敦化北路120巷50號
電話◎02-27168888
郵撥帳號◎18420815號
皇冠出版社(香港)有限公司
香港銅鑼灣道180號百樂商業中心
19字樓1903室
電話◎2529-1778　傳真◎2527-0904
總 編 輯—許婷婷
副總編輯—平　靜
責任編輯—陳思宇
美術設計—Dinner Illustration、李偉涵
行銷企劃—鄭雅方
著作完成日期—2023年
初版一刷日期—2025年6月

法律顧問—王惠光律師

讀者服務傳真專線◎02-27150507
電腦編號◎368106
ISBN◎978-626-7650-45-5
Printed in Taiwan
本書定價◎新臺幣380元/港幣127元